행복한 집을 만드는 꽃 레시피

드라이플라워 만들기

행복한 집을 만드는 꽃 레시피
드라이플라워 만들기
—
2025년 2월 15일 2판 1쇄 인쇄
2025년 2월 25일 2판 1쇄 발행
—
지은이 윤나래
펴낸이 이상훈
펴낸곳 책밥
주소 11901 경기도 구리시 갈매중앙로 190 휴밸나인 A6001호
전화 번호 031) 529-6707
팩스 번호 031) 571-6702
홈페이지 www.bookisbab.co.kr
등록 2007.1.31. 제313-2007-126호
—
기획 박미정
디자인 디자인허브
—
ISBN 979-11-93049-62-4 (13590)
정가 20,000원
—

책밥은 (주)오렌지페이퍼의 출판 브랜드입니다.

Flower recipe

to make

행 복 한 집 을 만 드 는 꽃 레 시 피

드라이플라워 만들기

윤나래 지음

a happy home

책밥

• CHERRY'S PREFACE •

머리말

어느 날 말린 상태로 버려진 꽃을 보았다. 추운 겨울날 유난히 빛나던 장미 한 송이. 한참 동안 그 꽃을 바라보고 있었던 것 같다. 한낱 버려진 꽃에서 적지 않은 마음의 위로를 받았다. 어쩌면 생화보다 말린 꽃이 주는 감성이 나와 잘 맞았나 보다.
그때부터 나는 꽃을 사서 말리기 시작했다. 꽃시장에 가보기도 하고, 어떤 꽃이 있는지, 어떻게 하면 더 아름답게 말릴 수 있는지 더 깊이 알고 싶었다. 꽃에 대해 알아가면서 그야말로 미친 듯이 빠져들었다.
다양한 꽃을 사서 말리는 동안 예쁘게 마르지 않는 꽃이 있다는 것을 알게 되었다. 어쩔 수 없이 말리고 버리는 일들이 반복됐다. 시간이 갈수록 말린 꽃들은 전혀 관리되지 않고 희뿌연 먼지만 쌓여갔다. 결국 꽃은 사치일 뿐이고, 다시 쓰레기가 될 수밖에 없는 것일까?
정성스럽게 말린 꽃을 좀더 오래 곁에 두고 싶었다. 쓰레기가 아닌, 생화보다 더욱 빛나는 꽃으로 말이다. 이렇게 해서 드라이플라워에 대해 공부하기 시작했고, 지금은 어느 정도 드라이플라워 전문가가 되었다.

평소 손으로 뭔가를 만드는 것을 좋아해서 드라이플라워를 활용한 여러 가지 소품들을 찾아보고 다양한 방법으로 만들어보던 중 『첫 번째 드라이플라워』를 집필하게 되었다. 초심으로 돌아가서 차근차근 정리해 나가는 마음으로 빠짐없이 노하우를 담고자 노력했다.
이 책에는 인테리어 소품부터 꽃꽂이, 웨딩 소품, 캔들 데코, 선물 포장 등 트렌디한 꽃 이야기가 빠짐없이 담겨 있다. 한 번쯤 만들어보고 싶고 갖고 싶었던 소품들을 손재주가 없어도 쉽게 따라 할 수 있도록 구성했으니, 누구나 부담 없이 드라이플라워를 즐길 수 있을 것이다.
직접 만들고 완성해 가는 동안 오롯이 나만의 시간 속에서 즐거움과 행복으로 작으나마 위로를 얻을 수 있기를 바란다.

끝으로 곁에서 오랫동안 묵묵히 지켜봐 주고 응원해 주는 가족에게 감사한 마음 전한다.

늘 봄날처럼……

꽃을 기다리며 윤나래 드림

• CHERRY'S CONTENTS •

차 례

머리말 • 004 드라이플라워란? • 012 꽃을 구매하기 좋은 계절 • 014 드라이플라워로 만들기 좋은 꽃 • 018 드라이플라워를 위한 기본 도구 • 022 드라이플라워를 위한 홈셀프Home-Self 도구 • 024 드라이플라워용 꽃 고르기 • 026 드라이플라워용 꽃 손질하기 • 027 꽃시장에 가기 전에 체크할 것들 • 030

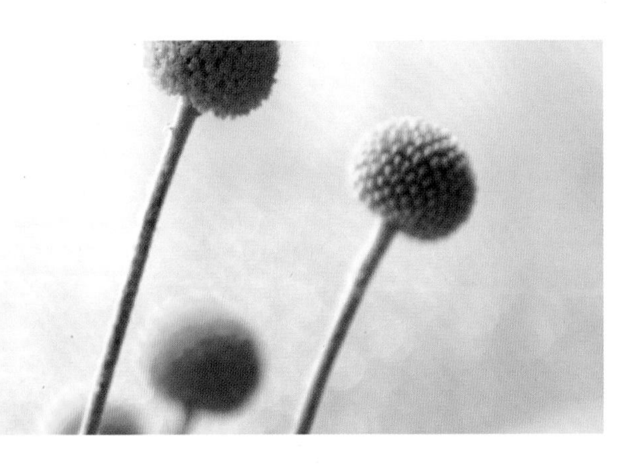

I
DRY FLOWER
at Home

꽃 말리기

건조하고 통풍이 잘되는 곳에서 말리는 자연 건조법 • 034 실리카겔을 이용한 인공 건조법 • 036 식품건조기를 이용한 인공 건조법 • 037 용액제를 이용한 인공 건조법 • 038 물을 좋아하는 수국을 위한 드라잉 워터법 • 040 책장 속에 감성 한 조각 압화 • 042 변하지 않는 색 프리저브드플라워 • 044 오랜 시간 모습을 유지하는 드라이플라워 보관 및 관리법 • 045

II

DRY FLOWER *Styling*

드라이플라워 스타일링

드라이플라워를 활용한
감성 소품 만들기 • 048

1 기억하고 싶은 날은
꽃 갈피 만들기 • 050

Variations. 꽃 갈피로 인테리어 소품 만들기 • 056

2 작은 고백과 마음을 담아,
드라이플라워 엽서 만들기 • 058

Variations. 드라이플라워 카드 만들기 • 063

3 언제나 봄날처럼,
액자 만들기 • 066

4 반짝이는 꽃 보석,
향기 포푸리 • 072

Variations. 포푸리 주머니 만들기 • 076

드라이플라워를 활용한

인테리어 소품 만들기 • 078

5 영원한 향기가 잠들다,
꽃병 데코 • 080

Variations. 옐로&그린 색감의 꽃병 꽂이 • 085
핑크&그레이 색감의 꽃병 꽂이 • 088

6 선반 위 속삭임,
빈티지 소품 • 090

Variations. 색이 다른 천일홍을 이용한 빈티지 소품 만들기 • 095

7 자수틀에 꽃으로 수놓기,
압화 • 098

8 일상의 선물,
센터피스 • 106

9 가슴에 꽃피우다,
쁘띠 바구니 • 114

10 드라이플라워와 캘리그라피
캔버스 액자 • 122

특별한 날을 위한

홈 파티 소품 만들기 • 128

11 언제나 푸른빛,
리스 • 130

12 냉정과 열정 사이,
캔들링 • 136

13 로맨틱한
빈티지 가렌드 • 142

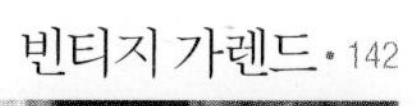

14 클래식한 멜로디,
캔들 홀더 • 150

내 생애 단 한 번!

셀프 웨딩 용품 만들기 • 156

15 꽃잎들이 전해 줄 인사,
압화 예단 편지 • 158

16 천사의 꽃 장식,
화관 • 164

17 순수함이 깃든,
꽃반지와 꽃팔찌 • 170

18 마주한 두 손에 작은 꽃다발,
미니 부케 • 178

Variations. 남자 부토니아 만들기 • 184

19 남겨진 그날의 기억,
웨딩 액자 • 186

생활에 향기를 더하는 드라이플라워

아로마 D.I.Y 만들기 • 194

20 향기를 채우다,
아로마 디퓨저 • 196

21 어디서든 함께,
왁스 태블릿 • 202

Variations. 유리병을 활용한 왁스 태블릿 • 208

22 하얀 종이에 꽃 한 송이,
소이캔들 • 210

23 코끝을 스치듯,
석고 방향제 • 216

Variations. 미니 다발을 이용한 석고 태블릿 • 223

24 욕실이 빛나는,
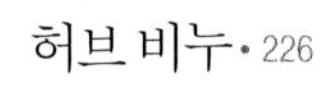
허브 비누 • 226

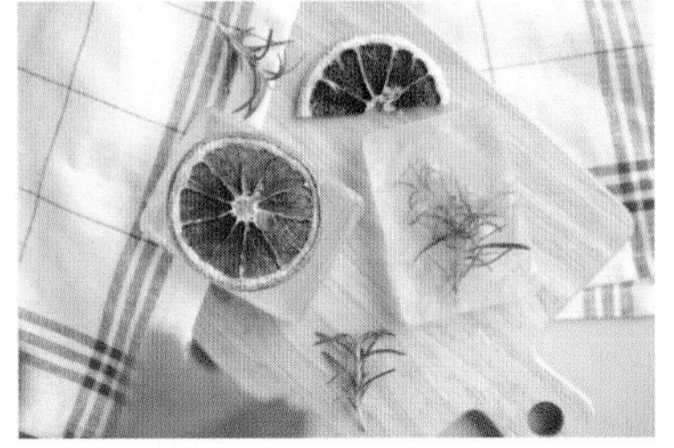

부록

DRY FLOWER
Package

꽃다발과 선물 상자

한 송이, 두 송이
꽃다발 포장하기 • 234

아이스크림 모양의
콘 플라워 포장하기 • 238

한 방향에서 보는
랩 플라워 포장하기 • 242

사방에서 보는
꽃다발 • 248

드라이플라워를 활용한
소이캔들 상자 스타일링 • 254

드라이플라워를 활용한
선물 상자 스타일링 • 256

• FIRST DRY FLOWER •

드라이플라워란?

건조화라고도 하며 꽃뿐 아니라 꽃받침, 과실, 열매, 줄기 등을 건조해 관상용으로 만든 것을 말한다. 드라이플라워는 활짝 피기 전의 꽃을 건조해 가장 아름다운 순간을 오랫동안 감상할 수 있으며 빈티지한 색감, 꽃이 머금고 있는 향기, 바스락거리는 소리 등이 매력이다.

좌 헬리크리섬(종이꽃) / 우 천일홍

좌 스타티스 / 우 시넨시스, 미스티블루

좌 시드박스 / 우 나비수국

꽃을 구매하기 좋은 계절

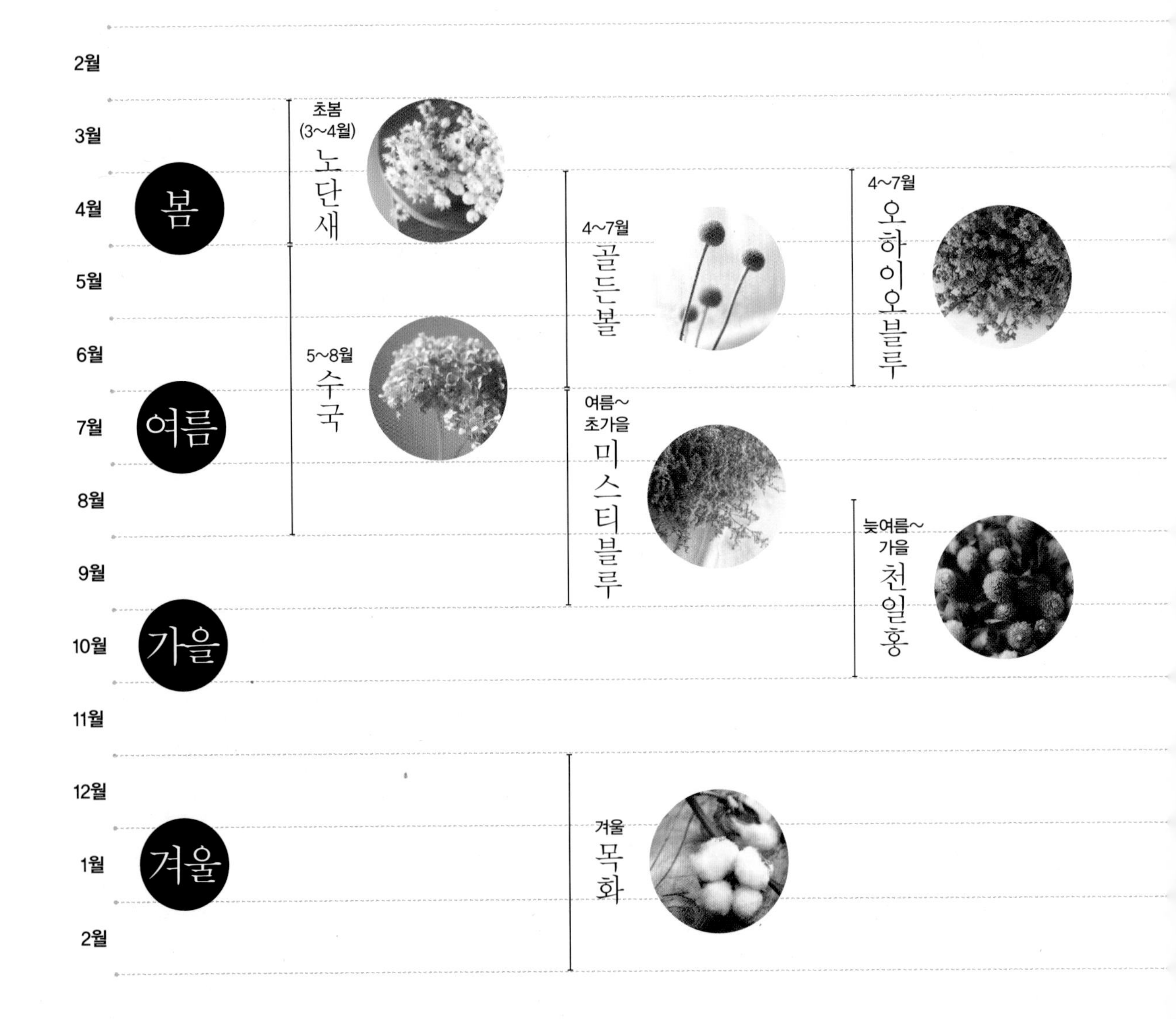
2월
3월
4월
5월
6월
7월
8월
9월
10월
11월
12월
1월
2월
봄
여름
가을
겨울
초봄
(3~4월)
노단새
5~8월
수국
4~7월
골든볼
여름~
초가을
미스티블루
겨울
목화
4~7월
오하이오블루
늦여름~
가을
천일홍

드라이플라워는 습기에 취약하기 때문에 구입하는 시기도 유의해야 한다. 여름에는 장마가 오기 전에 꽃을 사서 말려야 한다. 장마철에는 곰팡이가 피는 등 꽃을 제대로 말릴 수 없기 때문이다. 게다가 장마가 지난 후에는 꽃의 상태가 좋지 않은 데다 가격도 평소보다 더 오른다.
꽃을 말리기 좋은 계절은 봄, 가을이지만 유칼립투스는 줄기나 잎이 탄탄해지는 겨울에 구입해서 말리는 것을 추천한다.
일반적으로 가을, 겨울은 봄, 여름에 비해 꽃값이 비싸다. 제철 꽃을 사면 가격도 저렴하고 색감도 그 시기에 맞으므로 예쁜 드라이플라워를 즐길 수 있다. 제철이 지나면 가격이 2~3배 이상 비싼 데다 꽃의 질도 좋지 않다.

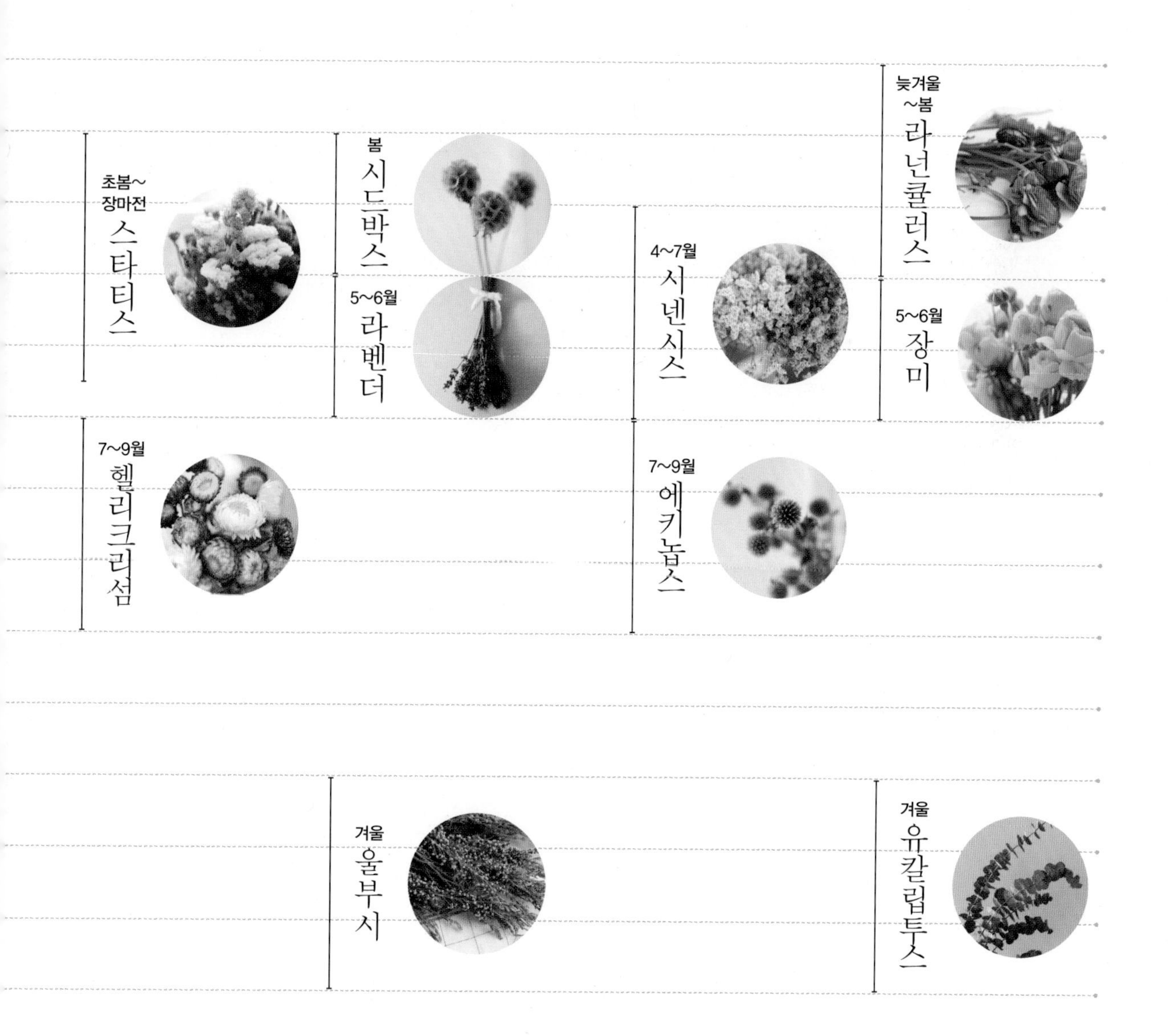

상 남아공믹스 소재 / 하 브루니아, 알비플로라

좌 에키놉스 / 우 라이스플라워

드라이플라워로 만들기 좋은 꽃

드라이플라워로 만들 수 있는 꽃은 많지만 모든 꽃이 가능한 것은 아니다. 말렸을 때 색감과 형태의 변형이 적고 수분이 빠져 부피만 줄어드는 꽃이 좋다.
줄기는 수분이 많되 꽃잎은 손으로 만졌을 때 건조한 느낌이 나는 꽃이어야 드라이플라워로 만들었을 때의 색과 형태의 변형이 적다.
꽃의 색감 또한 중요한데, 말렸을 때 검게 변형되기 쉬운 흰색과 붉은색 꽃보다 노랑, 주황, 분홍, 보라 등의 꽃이 말린 후 색 변화가 적다.
꽃은 7~14일 정도, 꽃망울은 10일, 잎은 3일 정도 말리는데, 꽃에 따라 거꾸로 말린 다음 세워두고 다시 말려야 형태가 자리 잡는 것도 있으니 마르는 동안 상태를 체크해야 한다.
앞에서 언급한 골든볼, 시넨시스, 미스티블루, 스타티스, 천일홍, 노단새, 헬리크리섬(종이꽃), 남아공믹스, 시드박스, 나비수국, 브루니아, 에키놉스, 알비플로라, 울부시, 라이스플라워 등이 계절이나 장소에 상관없이 오랫동안 화사함을 감상할 수 있는 드라이플라워로 만들기 좋은 꽃들이다.
이외에도 여러 가지 장미류, 라넌큘러스, 안개꽃, 홍화, 과꽃, 왁스플라워, 베로니카, 라벤더, 소국, 아킬레아, 후리지아, 아스트란시아 등이 드라이플라워로 만들었을 때 부피가 작아지기는 하지만 빈티지한 색감이 매력적이기 때문에 많이 활용된다.

라넌큘러스

좌 스프레이 미니장미 / 우 노란 장미

좌 신종 자나 장미 / 우 슈퍼센세이션

상 아스트란시아 / 하 왁스플라워

상 라벤더, 안개꽃 / 하 울부시

드라이플라워를 위한 기본 도구

드라이플라워를 만드는 데 필요한 기본 도구에 대해 알아보자. 꽃가위와 고무줄, 가시제거기, 글루건, 리본과 끈 등은 드라이플라워뿐만 아니라 생화를 다듬을 때도 주로 사용하는 기본적인 도구다. 더불어 집에서 쉽게 구할 수 있는 옷걸이와 여러 가지 끈, 마스킹 테이프와 헤어스프레이 등도 꽃을 말리기 위한 홈셀프 도구이다.

가시제거기

장미의 가시를 제거할 때 유용한 도구로 한 손으로 꽃의 윗부분을 잡고 한 손으로 가시제거기를 잡아 위에서 아래로 내리면 잎과 가시를 간편하게 제거할 수있다.

다양한 리본/끈

소품이나 꽃다발을 만들 때 고정하기 위해 사용하며, 디자인에 따라 분위기를 연출할 수 있다.

글루건

강한 접착력으로 리스나 화관, 액자 등 드라이플라워 DIY를 할 때 가장 많이 사용한다.

고무줄

수분이 점차 빠져나가면서 부피가 줄어들기 때문에 고무줄로 줄기를 묶어둔다.

꽃가위(다용도 가위)

꽃의 줄기와 잎사귀를 손질할 때 사용하는 전용 가위. 물기에 의해 녹슬 수 있으니 마른 헝겊으로 닦아서 보관한다.

드라이플라워를 위한 홈셀프Home-Self 도구

옷걸이

다듬은 생화를 고무줄로 묶어 옷걸이에 거꾸로 걸쳐서 건조한다.

핀, 노끈, 빵끈

벽에 양쪽으로 핀을 꽂아 노끈을 길게 연결한 다음, 고무줄로 묶은 생화를 빵끈으로 노끈에 거꾸로 매달아 말린다.

마스킹 테이프

꽃을 한 송이씩 벽에 붙일 때 스카치 테이프 대신 사용한다. 붙였다 떼었다 하기 쉽고 인테리어 효과도 좋다.

헤어스프레이

미스티블루, 안개꽃 등 꽃잎이 작아서 말린 후 부스러지기 쉬운 꽃은 말리기 전이나 후에 가정에서 사용하는 헤어스프레이를 꽃잎에 뿌려주면 코팅 효과가 있다.

드라이플라워용 꽃 고르기

겉보기에도 싱싱해 보이며 꽃잎에 상처가 없고, 줄기는 단단하며 굵고 잎사귀도 마르지 않았는지 확인한다.
물통에 담긴 꽃보다는 진열해 놓은 꽃의 수명이 더 길기 때문에 가급적 진열해 놓은 꽃을 구입하자! 물통에 담긴 꽃을 사야 할 경우 줄기 부분이 무르지 않았는지 확인한 다음 구입하는 것이 좋다. 같은 꽃이라도 저렴한 꽃보다는 중간 가격대의 꽃을 구입하는 것이 품질 면에서 더 경제적이다.

드라이플라워용 꽃 손질하기

빠른 시간 내에 꽃을 손질하여 가장 싱싱한 상태일 때 바로 거꾸로 걸어두어야 색감이 선명해 좀더 오래 볼 수 있다.

1. 구입한 꽃을 포장한 신문지를 벗긴다.

2. 꽃가위나 손으로 잎사귀를 전부 제거하고, 장미 가시는 가시제거기를 이용해 정리한다.

3. 정리된 꽃들을 모아 줄기를 고무줄로 묶은 뒤 습기가 없고 통풍이 잘되는 그늘진 곳에 거꾸로 매달아 말린다.

tip **꽃봉오리가 아직 피지 않았거나 시든 경우**

1. 줄기 끝이 마르거나 줄기 속이 비어 있는 경우는 이 부위를 잘라내고 줄기를 사선으로 잘라 물관의 면적을 넓힌다.
2. 미생물의 번식을 줄이기 위해 물에 잠기는 줄기 부분의 잎사귀를 모두 제거한다.
3. 부드러운 키친타월이나 신문지로 꽃 부분을 감싼다.
4. 차가운 물 대신 미지근한 물에 담가 1~2시간 정도 물 올림을 해준다.

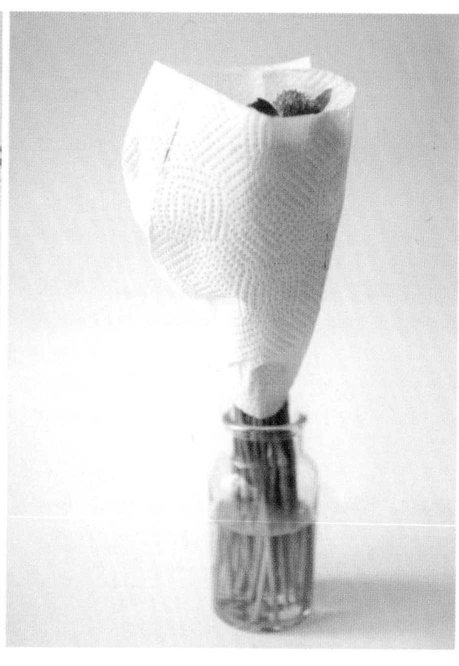

꽃시장에 가기 전 체크할 것들

1. 생화(도매시장) 구입처 알아보기

서울고속버스터미널 경부선 3층, 양재역 화훼공판장(양재시민의숲 역), 남대문 대도상가 3층이 가장 많이 찾는 생화 도매시장인데, 이 중 서울고속버스터미널 꽃시장은 수입 꽃과 부자재가 다양해서 플로리스트들이 주로 이용한다. 양재 꽃시장은 상인들이 경매를 통해 꽃을 사입하므로 조금 더 저렴하게 구입할 수 있다.

2. 서울고속버스터미널 꽃시장 영업 시간 알아보기

생화 도매시장은 밤 11시 30분부터 다음 날 오후 12시까지 열고, 부자재와 조화는 밤 12시부터 다음 날 오후 6시까지 연다. 보통 일요일은 휴무이고, 부자재와 조화는 매장마다 문 닫는 시간이 다르며 공휴일, 명절 전날은 오후 12시까지 문을 여는 경우가 많다. 시간은 변동이 있을 수 있으니 가기 전에 꼭 확인하고 가는 것이 좋다.

3. 꽃 쇼핑하기 좋은 날 알아보기

새롭고 싱싱한 꽃들이 들어오는 날은 월, 수, 금요일이다. 특히 화요일에는 수입 꽃이 들어오기 때문에 수요일에는 더욱 다양한 꽃들을 볼 수 있다.

꽃시장에서 먼저 한 바퀴 둘러본 뒤에 사고자 하는 꽃의 가격대와 상점 이름 또는 호수를 메모하면서 구입해야 충동구매를 막고 원하는 꽃들을 구입할 수 있다.

오픈 시간인 밤 12시에는 도매상이 많고 꽃들을 정리하느라 분주하다. 오전 11시쯤 방문하면 여유롭게 둘러볼 수 있고, 마감 시간과 맞물려서 좀 더 저렴하게 구입할 수 있다. 토요일에 가면 다음 날 꽃시장이 휴무이므로 떨이로 살 수도 있다.

4. 단위 수량과 결재 수단 알아보기

도매시장에서 모든 꽃은 보통 '단' 단위로 판매된다. 장미는 한 단이 10송이, 카네이션은 20송이, 수국과 목화는 송이 단위로 판매된다. 도매 꽃시장은 현금 결재만 가능하고, 부자재나 조화는 카드 결재도 가능하지만 부가세 10%가 별도 추가되니 참고하자.

tip 주차요금에 관한 짧은 팁

양재와 서울고속버스터미널 꽃시장은 주차 시설을 갖추고 있어 꽃을 다량으로 구입하는 데 용이하다. 특히 서울고속버스터미널 꽃시장은 벽면과 기둥에 주차 도장이 매달려 있어 셀프로 찍어야 하는데, 이것을 이용하면 2시간에 2천 원으로 할인되니 꼭 주차 도장을 확인하자!

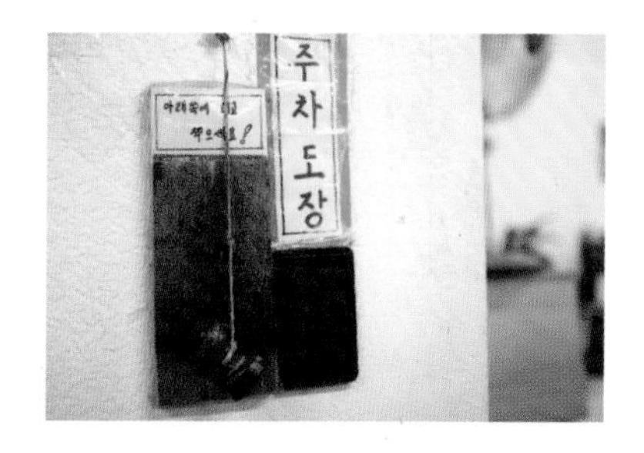

I

DRY FLOWER

at Home

꽃 말리기

건조하고 통풍이 잘되는 곳에서 말리는 자연 건조법

집에서 간편하고 손쉽게 드라이플라워를 만들 수 있는 방법으로, 통풍이 잘되고 그늘진 곳에 2주 동안 거꾸로 매달아 두고 건조한다. 세워서 말리면 줄기부터 수분이 빠져나가기 때문에 꽃 얼굴이 휘어질 수 있다. 건조 시간이 짧아야 색감과 형태의 변형이 적은데 잎사귀는 수분이 많아 말리는 데 시간이 걸리기 때문에 가급적 모두 제거한 다음 말린다.

tip 안개꽃이나 왁스플라워 등 작은 꽃들은 거꾸로 말리는 것보다 입구가 좁은 병에 꽂아서 자연스럽게 말린다.

실리카겔을 이용한 인공 건조법

실리카겔을 이용하여 꽃의 수분을 급속히 말려 인공적으로 건조하는 방법이다. 리드(뚜껑)를 포함한 용기에 실리카겔을 담아 줄기를 제외하고 꽃 얼굴만 넣어 전체를 실리카겔로 덮어주면 일반적으로 4~5일 후에 완성된다.

materials 실리카겔, 생화, 플라스틱 통

빈 플라스틱 통에 실리카겔을 반쯤 채우고 생화 꽃 부분만 넣고 실리카겔로 꽃잎을 완전히 덮는다.

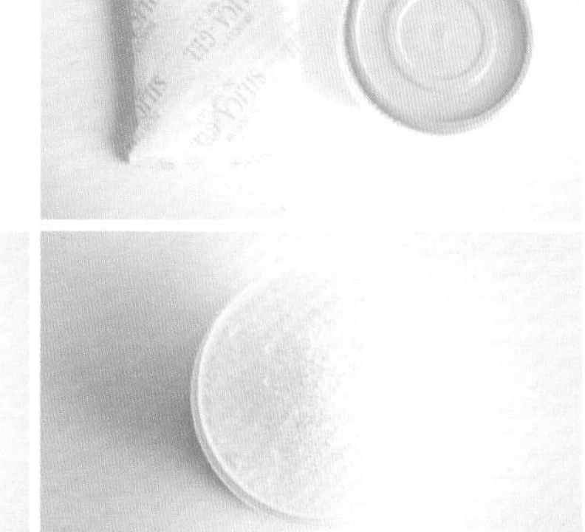

tip 꽃의 크기와 꽃잎의 두께에 따라 실리카겔의 양을 조절하는데 실리카겔과 생화의 비율은 4:1 정도가 적당하다. 꽃잎이 얇은 라넌큘러스 1~2일, 꽃잎의 수분이 많은 카네이션 7일, 장미류나 보통의 꽃들은 4~5일 정도 두면 잘 마른다.

식품건조기를 이용한 인공 건조법

짧은 시간에 드라이플라워를 만들려면 식품건조기를 이용한다. 이 방법을 사용하면 장미의 경우 12시간 내외로 잘 말릴 수 있으며, 색감이나 형태의 변형이 적어 좋은 품질의 드라이플라워를 만들 수 있다. 하지만 전기세가 많이 나온다는 단점이 있으며 꽃이 많을 경우 자연 건조법을 추천한다.

용액제를 이용한 인공 건조법

포르말린, 알코올, 글리세린 등의 용액제를 이용해 건조하는 방법으로, 동그란 잎 모양이 잘 유지되어 유칼립투스 블랙잭을 말릴 때 적당하다. 글리세린과 따뜻한 물을 1:1 비율로 섞어 만든 용액에 담가 통풍이 잘되는 그늘에 4주 동안 건조한다.

물을 좋아하는 수국을 위한 드라잉 워터법

앤틱수국, 나비수국, 초록수국 등 물을 너무 좋아해 이름에 '물 수(水)' 자가 들어간 수국은 건조했을 때 꽃잎이 말려 형태 보존이 어렵다. 형태를 잘 보존하기 위해 특별히 수국은 드라잉 워터법을 이용해 물에 담근 채로 서서히 건조하는데 그 방법은 다음과 같다.

사선으로 줄기를 자른 뒤 하얀 심지를 파내서 물 올림을 원활하게 해준 다음 물에 넣고 자연스럽게 건조한다.

책장 속에 감성 한 조각 압화

'누르미'라고도 하며 스위트피, 들꽃, 야생화, 아미초 등 꽃잎이 얇거나 작은 꽃들을 말릴 때 많이 사용한다. 두꺼운 책 사이에 꽃을 넣어 책의 무게와 압력을 이용해 건조하는 방법으로, 3~4일이면 드라이플라워를 만들 수 있다.

변하지 않는 색 프리저브드플라워

유럽과 일본에서 개발되어 우리나라에 수입된 지는 10년 정도 되었다. 수입 초기에는 가격이 비싸 대중적으로 관심을 받지 못했지만 최근 자체 기술을 개발해 가격대가 낮아지면서 조금씩 대중화되고 있다. 거기에 다양한 상품들과 시들지 않는 꽃이라는 장점이 더해져 관심이 높아지고 있다.

프리저브드플라워는 가장 싱싱할 때의 생화를 특수 용액으로 색을 제거하고 다시 오래도록 보존이 가능한 색을 입혀 보존 처리하는 꽃을 말하는데 1~3년 정도 유지되며 변색과 부스러짐이 적어 오래 볼 수 있다.

직접 만들 수도 있는데, 꽃시장 부자재 코너에서 용액을 사서 일주일간 담가두면 부스러짐이 덜하도록 가공할 수 있다. 완제품은 생화나 드라이플라워에 비해 가격이 비싸지만 3년 정도 생화 느낌을 즐길 수 있다는 점에서 인기가 높다.

오랜 시간 모습을
유지하는 드라이플라워

보관 및 관리법

잘 말린 드라이플라워는 2~6개월 정도 형태가 유지되는데 아름다운 모습을 오랫동안 감상하기 위해서는 관리가 중요하다. 습기가 많은 장마철에는 예쁘게 말린 드라이플라워의 색이 바래거나 부스러지는 등 형태가 망가질 수 있으니 이 시기에는 보관하는 데 특히 주의를 기울여야 한다. 소독된 유리병이나 유리 밀폐용기에 꽃 얼굴만 따로 자르거나 줄기까지 통째로 넣고 실리카겔(방습제)과 함께 밀봉한다.

시간이 지나면서 부스러지거나 떨어지는 미스티블루나 시넨시스 등은 2주 동안 건조한 뒤 헤어스프레이를 뿌려 표면에 코팅 처리를 해주면 좋다.

II

DRY FLOWER

Styling

드 라 이 플 라 워 스 타 일 링

D R Y F L O W E R

Styling

드라이플라워를 활용한

감성 소품 만들기

Gaia to humanity.
is an active
shows itself in
However, in other

1

기억하고 싶은 날은

꽃 갈피 만들기

바람 소리를 들으며 책을 읽는다.
바람에 살랑거리던 꽃잎이 책 위에 살며시 떨어진다.
그 기억을 담아두고 싶어 잠시 넣어둔 꽃이 책갈피가 된다.
어느 날 무심코 넘긴 책장에 바스러질 듯 말려 있는 꽃잎,
왠지 그날의 따스한 바람이 느껴지는 듯하다.

Materials · 종이류 120g~240g

Tools · 펀치, 마끈, 가위, 연필, 마스킹 테이프, 자

Dry flower · 화이트 시넨시스

How to make

1. 검은색과 흰색 머메이드지와 크라프트지를 준비한다. 이외에도 원하는 종이가 있다면 사용해도 된다.
2. 연필과 자를 이용해 5×10cm의 책갈피 사이즈를 스케치한다.
3. 스케치한 크라프트지를 가위로 재단한다.

4. 크라프트지 윗부분에 펀치로 뚫을 곳을 표시한다.

5. 손잡이 부분을 만들기 위해 표시한 곳을 펀치로 뚫는다.

6. 마끈을 반으로 접어 5에서 만든 구멍 뒤에서 앞으로 고리를 만들어 빼낸다.

7. 뒤쪽의 마끈을 앞쪽의 고리 속에 넣는다.

8. 종이가 찢어지지 않도록 주의하면서 마끈을 위쪽으로 잡아당긴다.

9. 크라프트지 중앙에 드라이플라워를 올린다.
tip 말린 지 오래되지 않은, 비교적 부스러짐이 덜한 드라이플라워를 사용해야 책을 덮었을 때 자연스럽게 눌린다.

10. 마스킹 테이프를 자연스럽게 손으로 찢어서 올려놓은 드라이플라워에 붙인다.
11. 손잡이 부분의 마끈을 적당한 길이로 자른다.

Variations

꽃 갈피로 인테리어 소품 만들기

Materials&Tools · 52쪽과 동일 Dry flower · 화이트 천일홍 Preserved flower · 엠모비움

Cherry's Story 다양한 드라이플라워와 다양한 종이를 활용해 꽃 갈피를 만들어 걸어두면 빈티지한 인테리어 소품이 될 수 있다. 감성적인 느낌이 가득한 분위기로 집 안을 꾸며보자.

1. 앞의 과정을 참고해 재단한 검정 머메이드지 윗부분에 펀치로 구멍을 뚫고 마끈을 반으로 접어 고리를 만든다.
2. 고리 속으로 나머지 마끈을 넣고 종이가 찢어지지 않도록 마끈을 천천히 잡아당긴다.
3. 마끈을 적당한 길이로 자른 다음 화이트 천일홍과 엠모비움 가지를 섞어서 잡는다.

   tip 프리저브드플라워란 생화를 특수 용액으로 가공하여 1~3년 동안 꽃을 보존할 수 있도록 만든 드라이플라워로 수명이 길고 보관이 용이하다.
4. 줄기 부분을 가지런히 모아 마스킹 테이프로 붙이고 종이 모서리 부분을 사선으로 잘라 모양을 낸다.
5. 다양한 종이와 드라이플라워를 이용해 여러 가지 꽃갈피를 만들 수 있다.

   tip 화방이나 문구점에서 중량과 컬러, 질감이 다양한 종이를 구입할 수 있다.

ESPECIALLY
FOR YOU

2

작은 고백과 마음을 담아,

드라이플라워 엽서 만들기

수줍게 불쑥 내민 작은 고백,
어쩌다 떨어진 주스 한 방울, 눈물방울마저
고스란히 지워지지 않은 얼룩으로 담긴다.
말로는 너무 가벼워서,
마음을 다 전할 수 없을 것 같아 써 내려간 편지에
그 사람을 닮은 꽃향기가 배어 있다.

Materials · 크라프트지 200g 이상, 리본

Tools · 가위, 자, 글루건

Dry flower · 유칼립투스 블랙잭, 자나 장미, 미스티블루

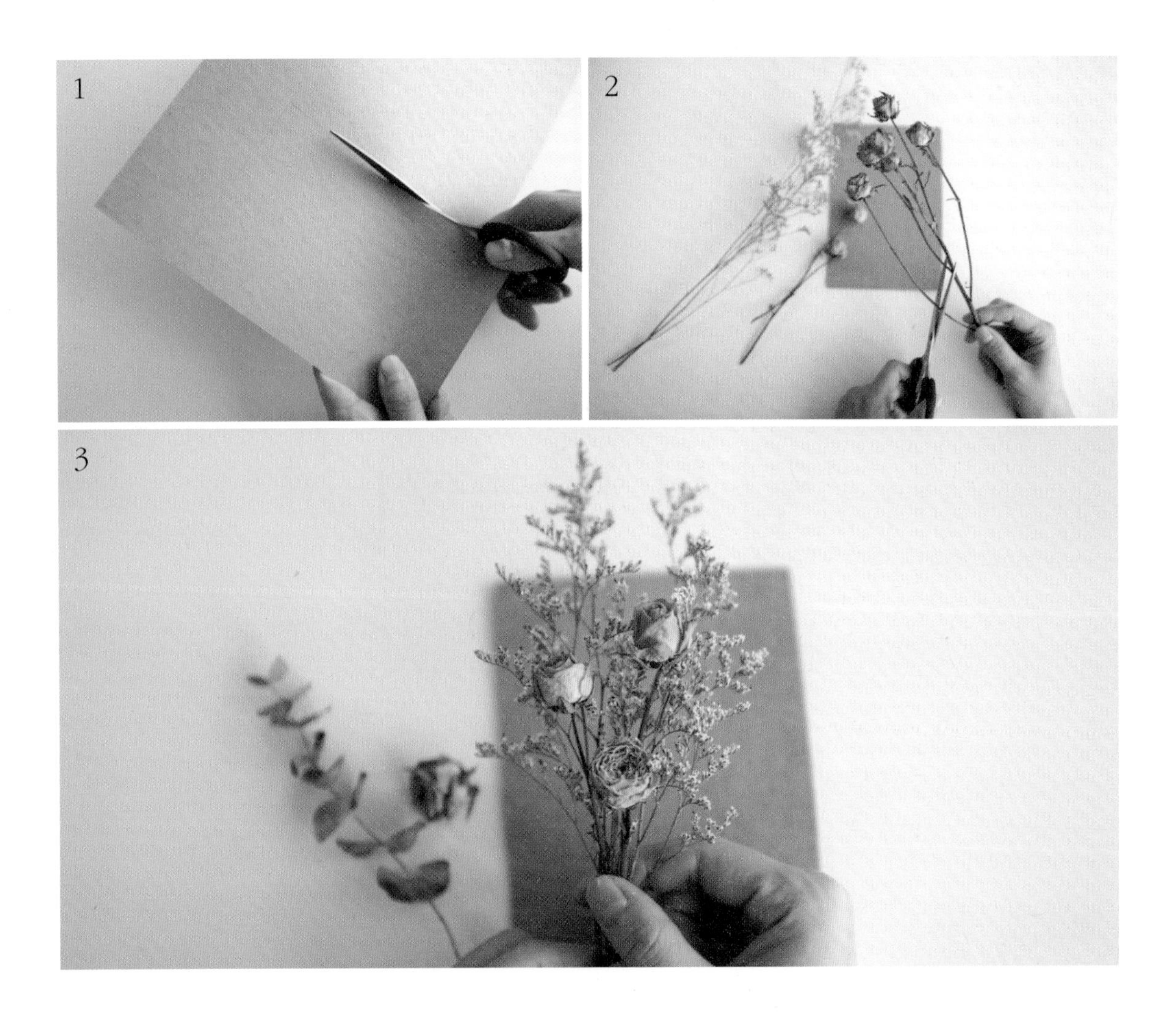

How to make

1. 크라프트지를 10×15cm 엽서 사이즈로 재단한다.
   tip 뒷면에 편지 내용을 쓴 다음 작업한다.
2. 드라이플라워를 엽서 크기에 맞게 다듬는다.
3. 먼저 빈티지한 느낌의 미스티블루를 한 손에 잡고 자나 장미를 높낮이에 변화를 주며 그림과 같이 잡는다.

4. 잘 말린 유칼립투스를 한쪽 끝에 길게 잡는다.
5. 튀지 않는 컬러의 리본으로 드라이플라워 다발을 묶는다.
6. 리본과 드라이플라워를 다시 한번 엽서 크기에 맞춰 정리한다.

7. 정리된 드라이플라워 다발 뒤쪽에 글루건을 이용해 글루를 길게 바른다.
8. 크라프트지에 7의 드라이플라워 다발을 붙인 뒤 손가락으로 꾹 눌러 고정한다.
9. 전체적으로 어울리는 스티커를 붙여 좀더 고급스러운 느낌을 준다.
   tip 스티커는 선물 포장 재료를 판매하는 사이트나 오프라인 숍에서 구매할 수 있다.
10. 작업하다 떨어진 꽃 얼굴을 활용해 완성도를 높일 수 있다.

Variations

드라이플라워 카드 만들기

Materials · 흰색 머메이드지 200g 이상 **Tools** · 가위, 자, 글루건, 리본 **Dry flower** · 골든볼 **Preserved flower** · 열매 유칼립투스

Cherry's Story 앞의 과정과 비슷한 방법으로 열어볼 수 있는 카드를 만든다. 엽서와 마찬가지로 사연을 먼저 쓴 뒤 카드를 만들어 특별한 사람에게 선물하자. 인테리어 소품으로도 활용 만점!

1. 10×23cm의 흰색 머메이드지를 준비한다. 접히는 크기를 고려해서 긴 직사각형으로 스케치한다.
2. 스케치한 크기대로 재단한다.
3. 재단한 종이를 반으로 접는다.
4. 자를 이용해서 접히는 부분을 깔끔하게 다시 정리한다.
5. 골든볼과 어울리는 그린 소재의 드라이플라워를 선택한다. 여기서는 열매 유칼립투스를 선택했지만 그린 소재의 다른 잎을 사용해도 무방하다.
6. 분리된 소재를 합치기 위해 그린 소재의 잎줄기 부분에 글루를 바른다.

7. 골든볼 줄기 부분에 글루를 바른 그린 소재 잎사귀를 붙인다.
8. 자연스러운 마끈으로 리본을 만들어 글루로 붙인다.
9. 드라이플라워 뒷부분에 글루를 길게 바른다.
10. 글루를 바른 드라이플라워를 종이에 사선으로 붙인 뒤 꾹 눌러 고정한다.
11. 스탬프나 스티커를 이용해 빈 부분을 채워 완성도를 높인다.

tip 포털 사이트 검색을 통해 다양한 모양의 스탬프를 구매할 수 있는데, 낱개보다는 세트 구성이 더 저렴하고 활용도가 높다.

3

언 제 나 봄 날 처 럼 ,

액자 만들기

별다를 것 없던 공간에 봄이 찾아와
잠시 마음을 쉬어보고는 어느새 위로를 받는다.
괜히 울컥해진 마음을 보듬어주듯 조용히 바라본다.
햇살이 머물다 간 자리에 봄날의 따스함이 남는다.

Materials · 흰색 액자 프레임, 흰색 종이

Tools · 가위, 글루건, 레이스 혹은 공단 리본, 플로랄 테이프

Dry flower · 화이트·핑크 시넨시스, 슈퍼센세이션, 진핑크 미니장미, 핑크 스타티스

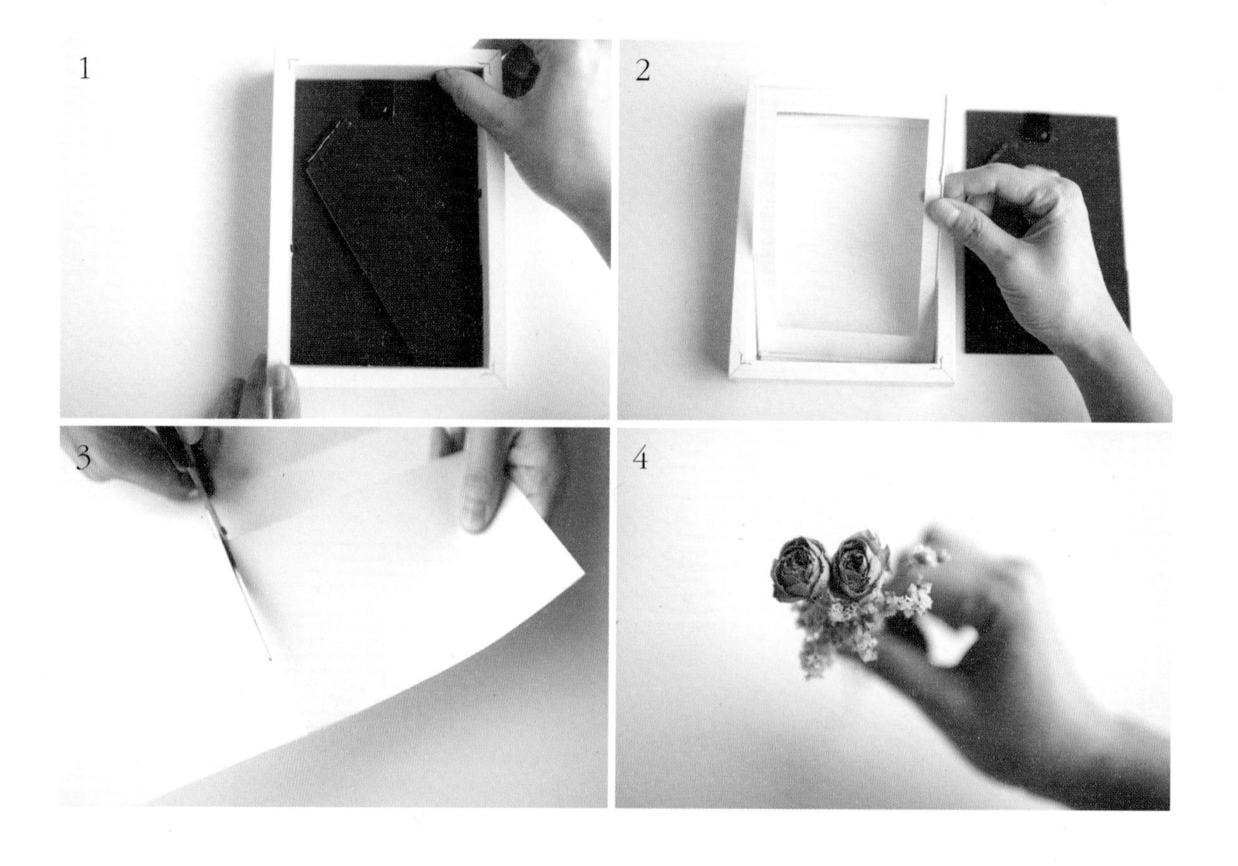

How to make

1. 액자 뒷부분을 연다.
2. 프레임과 유리, 덧댄 인쇄 종이 등을 꺼내 분리한다.
3. 액자에 들어 있던 종이 크기대로 흰색 종이를 자른다.
4. 원하는 색감을 정한 뒤 드라이플라워를 선택한다. 먼저 슈퍼센세이션 장미를 중앙에 잡은 다음 시넨시스와 스타티스를 중간 중간 넣는다.

5. 좀더 강한 컬러의 미니장미를 추가해 색감이 너무 가볍지 않도록 한다.
6. 장미를 덧대면서 왼쪽에서 오른쪽으로 둥글게 잡아나간다.
7. 접착성 있는 플로랄 테이프를 팽팽하게 당기면서 드라이플라워 미니 다발을 사선으로 위에서 아래로 감싼다.

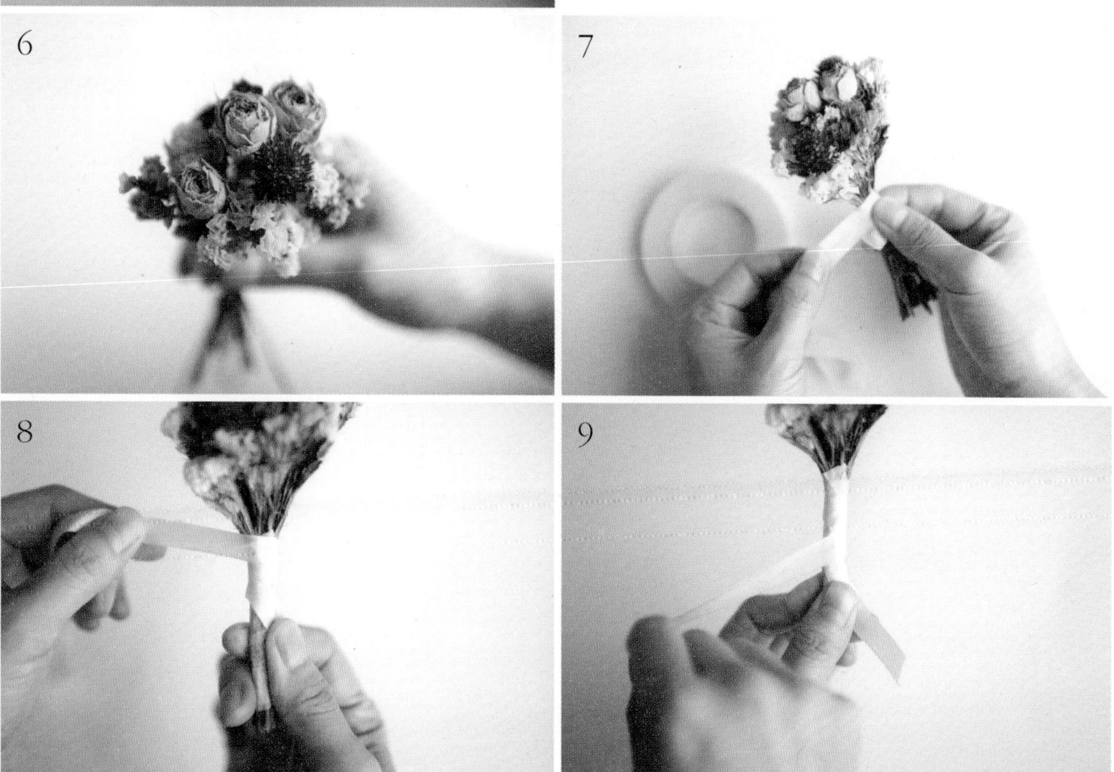

8. 플로랄 테이프로 감싼 줄기를 공단 리본으로 다시 한번 감는다.
9. 플로랄 테이프가 보이지 않도록 위에서 아래로 공단 리본을 감싼다.

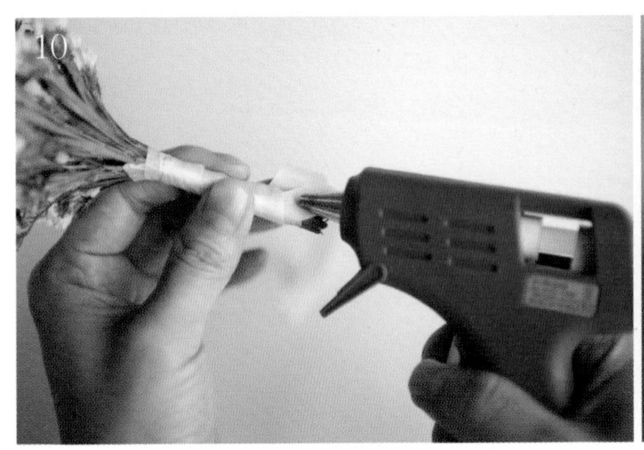

10. 공단 리본으로 감싼 다음 글루를 바른 뒤 남아 있는 리본을 잘라내 정리한다.

11. 레이스 리본을 자연스럽게 늘어지듯 묶어 미니 다발을 완성한다.

12. 완성된 다발 뒤에 글루를 길게 바른다.

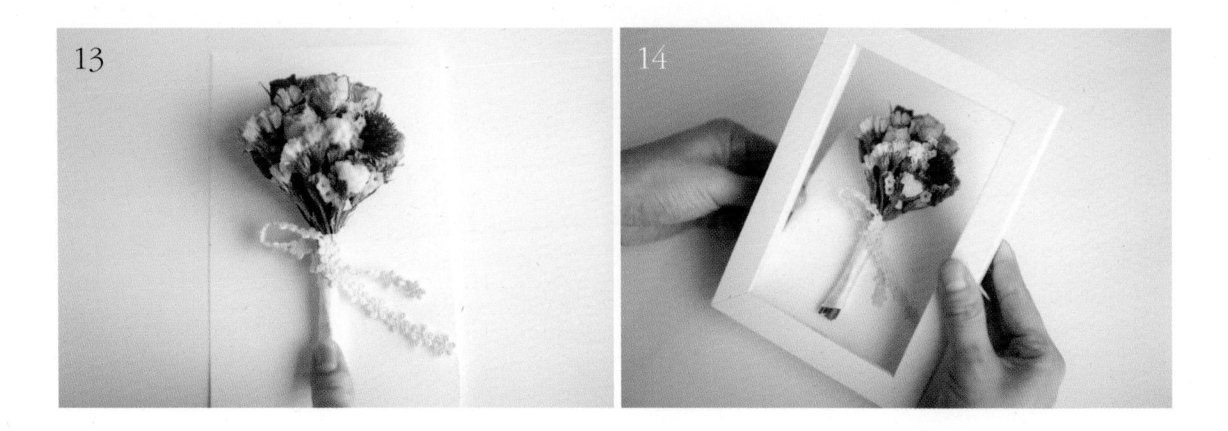

13. 3에서 만든 액자 크기 종이에 미니 다발을 올리고 손가락으로 눌러 잠시 고정한다.
14. 액자 프레임에 13의 종이를 넣은 다음 유리는 빼고 마감한다.
15. 입체감 있는 드라이플라워 액자가 완성된다.

4

반짝이는 꽃 보석,

향기 포푸리

깊은 밤 엉클어진 마음,
아무것도 하고 싶지 않은 날,
코끝에 살며시 스치는 향기에 눈을 감아본다.
밤하늘의 별을 담아내듯 마음에 드리운 별빛으로
이따금 따스한 온기가 온몸을 감싼다.

Materials · 유리 용기, 아로마 에센셜 오일, 일회용 비닐봉지

Dry flower · 종류별로 다양한 드라이플라워

Cherry's Story 포푸리는 말린 잎이나 꽃, 열매 등을 혼합한 것으로, 병 속에 넣어 꽃의 향기를 간직하며 인테리어 소품으로 활용할 수 있다.

3

How to make

1. 다양한 종류의 드라이플라워를 꽃 얼굴 부위만 잘라 준비한다.
2. 드라이플라워를 일회용 비닐봉지에 담는다.
3. 비닐봉지에 담긴 드라이플라워에 취향에 맞는 에센셜 오일이나 좋아하는 향수를 2~4방울 떨어뜨린다.

4. 비닐봉지를 흔들어 향이 배게 한 뒤 2~4주 정도 숙성시킨다.
5. 숙성된 드라이플라워를 유리 용기에 담는다.
6. 향기가 가득 밴 드라이플라워 포푸리가 완성된다.

Cherry's Story 포푸리의 향이 약할 경우에는 에센셜 오일을 1~2방울 더 떨어뜨려 사용한다.

Variations

포 푸 리
주머니 만들기

Materials · 코튼 주머니, 샤세, 아로마 에센셜 오일, 일회용 비닐봉지 **Dry flower** · 종류별로 다양한 드라이플라워

Cherry's Story '샤세'는 작은 향료 주머니로 장롱이나 가방 속에 넣어 향기를 즐길 때 사용한다. 캔들 온라인 스토어나 다양한 마켓에서 구입할 수 있는데 향을 추가해 다양한 공간에 두면 인테리어 효과도 있고, 좋은 향기를 오랫동안 보존할 수 있다.

1. 74쪽의 1~4 과정을 거친 드라이플라워, 코튼 주머니, 샤세를 준비한다.
2. 숙성된 드라이플라워를 샤세에 담는다.
3. 드라이플라워를 담은 샤세를 코튼 주머니에 담아 드라이플라워가 쏟아지지 않도록 한다.

tip 가정에서 사용하기 좋은 아로마 에센셜 오일

- **시트러스 오일** : 오렌지, 만다린, 자몽, 레몬 등 부드러운 과일 향이 심리적 스트레스를 풀어주고 기분을 고양해 준다.
- **라벤더 에센셜 오일** : 숙면을 도와주는 향기로 포푸리를 만들어 베개에 넣어두거나 베개에 한두 방울 떨어뜨리면 불면증에 도움이 된다.
- **유칼립투스 에센셜 오일** : 환절기 감기 예방과 비염, 실내 공기 정화, 벌레 퇴치제로 사용된다.
- **시나몬 바크 에센셜 오일** : 모기 퇴치제, 집먼지 진드기 퇴치, 새집 증후군 등의 살균 정화에 도움을 주어 소이캔들이나 스프레이로 사용된다.
- **패출리 에센셜 오일** : 방충 효과가 뛰어나 옷장이나 신발장에 두면 나쁜 냄새를 잡아주어 나프탈렌 대신 사용할 수 있다.

D R Y F L O W E R

Styling

드리이플라워를 활용한

인테리어 소품 만들기

5

영 원 한 향 기 가 잠 들 다,

꽃병 데코

차가운 바람에 앙상한 가지만 남은 겨울날,
무기력한 마음을 달래주며 공간에 온기를 퍼트린다.
한순간 사라질 향기가 아닌
오랫동안 품었던 향기가 영원히 기억된다.
봄날의 따스함과 향기를 담아
그날의 시간 속에 고요히 멈춰본다.

Tools · 꽃병 또는 시약병, 꽃가위 등

Dry flower · 미스티블루, 스타티스, 연보라 장미

Cherry's Story 계절과 취향에 맞는 꽃을 골라 꽃병에 꽂되 한쪽에서만 볼 경우, 혹은 사방에서 볼 경우 등 완성된 모습을 고려해 꽃의 길이를 결정해서 자른다.

How to make

1. 바이올렛과 블루 색감의 드라이플라워와 그 컬러에 잘 어울리는 그레이 시약병을 준비한다.
   tip 꽃병은 꽃과 잘 어울릴 만한 컬러와 질감 등을 준비한다.
2. 먼저 미스티블루를 꽃병에 대어보고 길이를 체크한다.
3. 꽃병에 꽂았을 때 미스티블루가 조금 길게 느껴질 정도로 자른다.

4. 절단한 미스티블루를 꽃병에 넣어본 뒤 길이를 고려해 다시 자른다.
5. 청색 스타티스를 미스티블루보다 조금 낮게 길이를 맞춘다.
6. 5에서 맞춘 길이로 스타티스를 자른다.

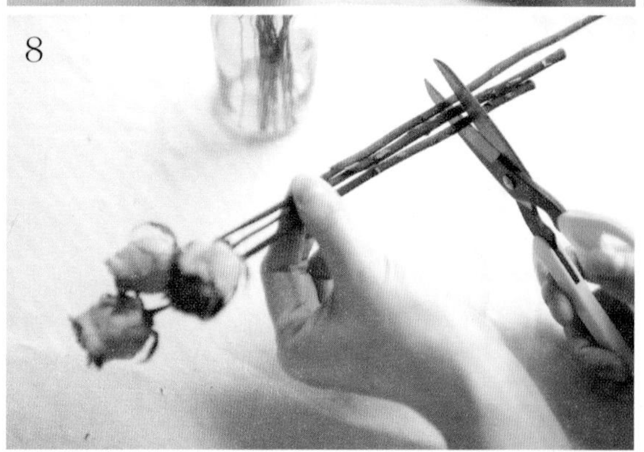

7. 미스티블루가 담긴 꽃병의 앞쪽에 스타티스를 꽂는다.
8. 마지막으로 연보라색 장미를 다양한 높이로 잡고 꽃가위로 자른다.
9. 미스티블루와 스타티스가 담긴 꽃병에 8을 꽂는다. 미스티블루, 스타티스, 연보라 장미 3가지 소재로 만든 꽃병 꽂이가 완성된다.

Variations

옐로&그린 색감의 꽃병 꽂이

Tools · 꽃병 또는 시약병, 꽃가위

Dry flower · 유칼립투스 블랙잭, 골든볼, 시드박스, 화이트 천일홍

1. 그린과 옐로 색감의 드라이플라워와 그린 시약병을 준비한다.
2. 먼저 꽃병에 꽂을 때 방해가 되는 유칼립투스 블랙잭의 줄기 아래쪽 잎을 손으로 조심스럽게 떼어낸다.
3. 줄기를 정리한 유칼립투스 블랙잭을 가장자리에 꽂는다.
4. 길고 곧은 골든볼을 높낮이에 변화를 주며 절단한다.
5. 유칼립투스 블랙잭이 꽂혀 있는 꽃병에 4의 골든볼을 한곳에 몰리지 않도록 꽂는다.
6. 골든볼과 닮은 동그란 형태의 시드박스를 골든볼과 비슷한 길이로 변화를 주며 자른다.

7. 6의 시드박스를 골든볼 사이사이에 한 송이씩 꽂는다.
8. 유칼립투스 블랙잭와 골든볼, 시드박스를 높낮이를 보면서 반복해서 꽂되 한곳으로 몰리지 않도록 주의한다.
9. 마지막으로 화이트 천일홍을 잘라 군데군데 꽂는다.
10. 유칼립투스 블랙잭, 골든볼, 시드박스, 화이트 천일홍으로 만든 꽃병 꽂이가 완성된다.

Variations

핑크&그레이 색감의 꽃병 꽂이

Tools · 꽃병 또는 시약병, 꽃가위

Dry flower · 스프레이 슈퍼센세이션, 브루니아

1. 핑크와 그레이 색감의 드라이플라워와 병을 준비한다. 여기서는 브라운 컬러의 시약병을 사용했다.
2. 스프레이 슈퍼센세이션의 가지를 너무 길지 않게 자른다.
3. 브루니아는 슈퍼센세이션보다 길게 잘라 시약병에 꽂는다.
4. 브루니아 앞쪽으로 스프레이 슈퍼센세이션을 높낮이에 변화를 주면서 한 송이씩 꽂는다.
5. 브루니아와 슈퍼센세이션 2가지 소재로 만든 꽃병 꽂이가 완성된다.

선반 위 속삭임,

빈티지 소품

조용한 방 안,
공기마저 멈춰버린 곳에서
혼자만의 시간을 마주한다.
텅 빈 공간이 낯설지 않게
꽃잎들이 바스락바스락 살랑이다
선반에 걸터앉아 소곤소곤 봄을 나눈다.

Materials · 플로랄폼, 빈티지 양철통, 칼, 꽃가위, 글루건, 리본, 양면테이프

Dry flower · 보라색으로 염색한 시넨시스, 신종 자나 장미

Cherry's Story 플로랄폼을 이용하면 원하는 대로 플라워 어레인지먼트를 할 수 있다. 먼저 플로랄폼을 화기에 맞는 크기로 잘라 넣고 드라이플라워를 꽂아보자! 보통은 꽃이 완성되었을 때 전체 분위기를 좌우하는 덩어리가 큰 꽃에서 작은 꽃의 순서로 꽂지만 부스러짐 여부, 줄기의 강약에 따라 그때그때 달라질 수 있다. 부스러짐이 많거나 줄기 등이 너무 약한 꽃은 공간이 많이 남아 있을 때 먼저 꽂기도 한다.

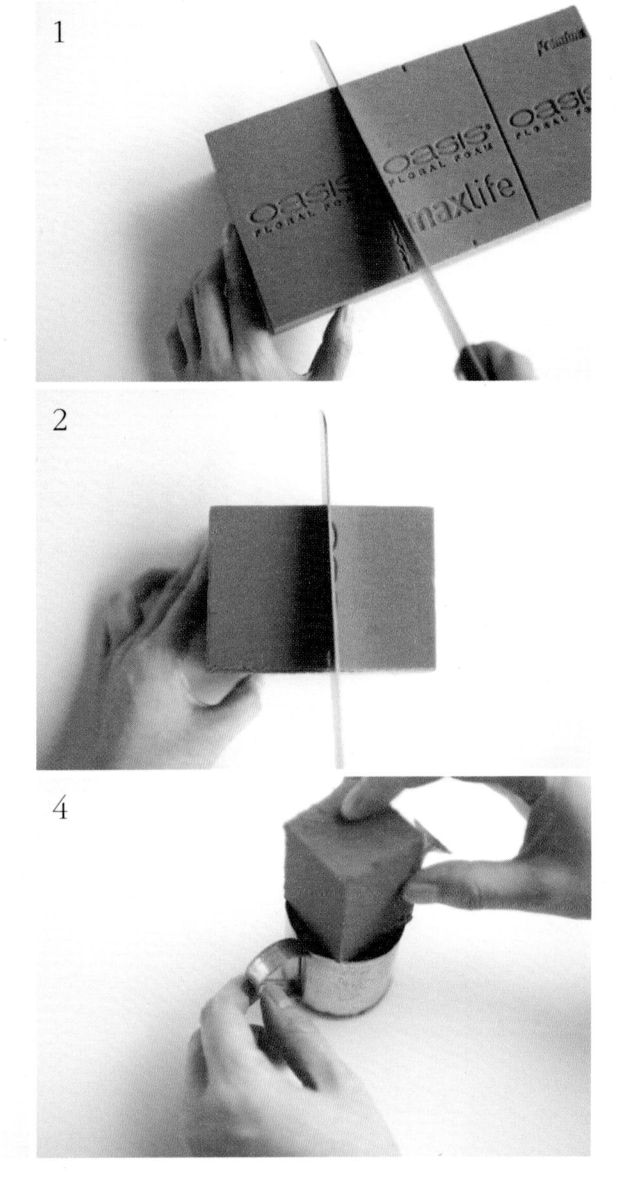

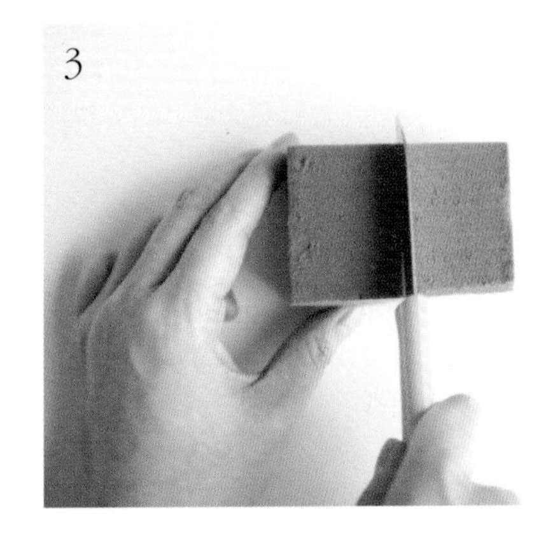

How to make

1. 플로랄폼 한 장을 꺼내 3분의 1로 자른다.
2. 1을 다시 2분의 1로 자른다.
3. 2를 다시 반으로 자른다.

tip 플로랄폼은 양철통에 들어갈 수 있는 크기로 자른다.

4. 플로랄폼을 빈티지 양철통 크기에 맞게 자르기 위해 살짝 눌러 표시한다.

5. 플로랄폼을 양철통 크기에 맞게 칼로 다듬는다.
6. 글루건으로 플로랄폼의 아래쪽에 글루를 바른다.
7. 6을 양철통에 넣고 고정한다.
8. 플로랄폼을 넣은 빈티지 양철통과 드라이플라워를 준비한다.
9. 부피감이 있는 신종 자나 장미를 양철통 길이로 자른 후 플로랄폼의 앞쪽과 뒤쪽에 하나씩 꽂는다.
10. 잔잔한 분위기의 보라색 시넨시스를 자나 장미보다 조금 길게 자른다.

11. 양철통의 빈 부분에 시넨시스를 꽂아 공간을 채운다.
12. 양철통의 중심에서 바깥쪽으로 갈수록 폼과 수직이 되다가 점차 사선으로 꽂히도록 중심은 길게, 바깥으로 갈수록 짧게 꽂는다.
13. 시넨시스를 한 가닥씩 꽂지 말고 부피를 살릴 수 있도록 뭉쳐서 꽂는다.
14. 빈티지한 색감의 시넨시스와 자나 장미로 만든 양철통 소품이 완성된다.

Variations

색이 다른 천일홍을 이용한 빈티지 소품 만들기

Materials · 92쪽과 동일 **Dry flower** · 핑크 천일홍, 블루로 염색한 천일홍

Cherry's Story 같은 꽃이라도 다른 색을 활용하면 다양한 느낌을 연출할 수 있다. 원래 색이 다양한 꽃도 많지만 종종 염색한 꽃을 활용하는 것도 좋다. 여기서는 블루로 염색한 천일홍을 사용했다.

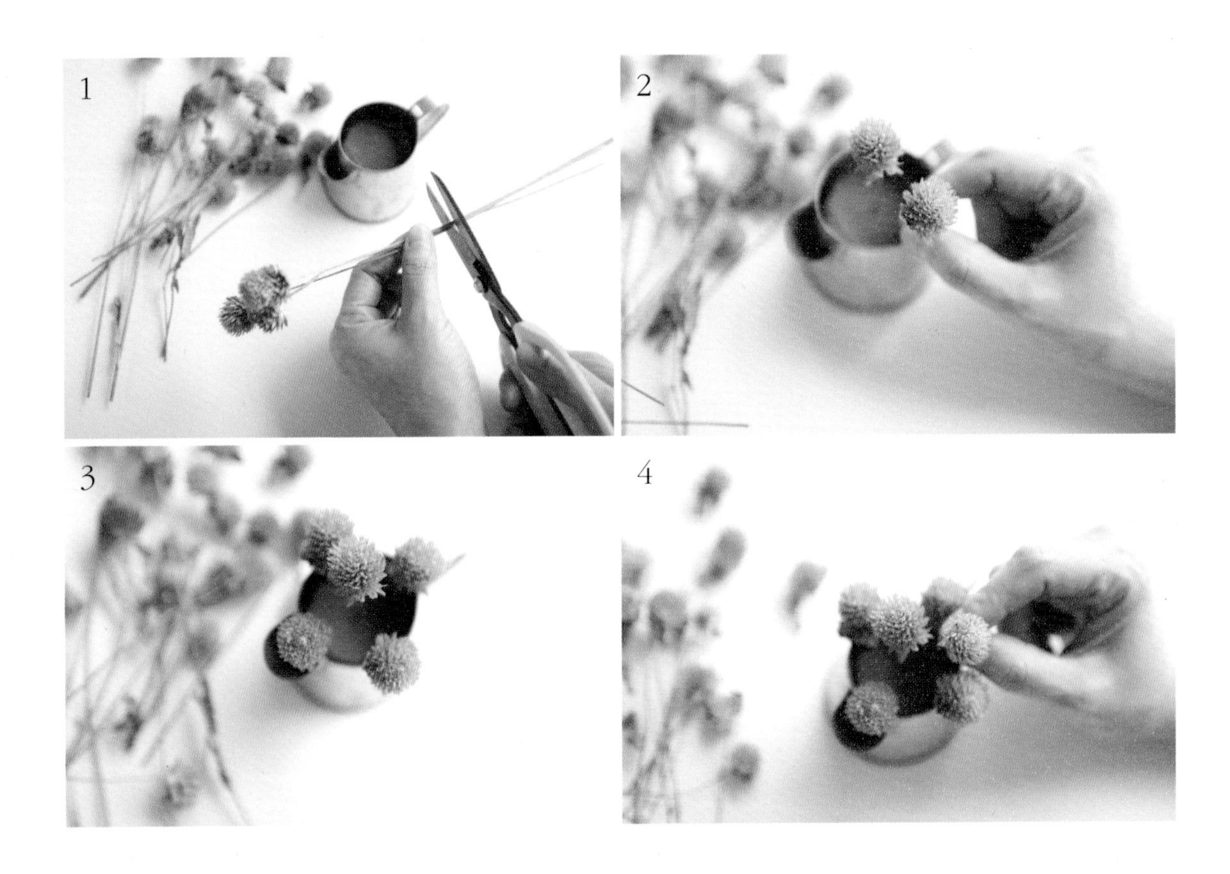

1. 앞의 1~8 과정에 이어 핑크 천일홍을 양철통 높이로 잘라 준비한다.
2. 양철통의 중앙에서 바깥쪽으로 갈수록 핑크 천일홍의 길이가 짧아지도록 조절한다.
3. 그림과 같이 5개의 천일홍을 꽂되, 가운데는 폼과 수직이 되도록 꽂고 바깥쪽은 양철통에 살짝 기대듯이 사선으로 꽂는다.
4. 핑크 천일홍 사이사이에 블루 천일홍을 꽂는다.

5. 사이사이 들어가는 블루 천일홍은 핑크보다 좀더 깊게 꽂는다.
   꽃 크기가 작은 천일홍은 자연스럽게 길게 빼내듯 꽂아 완성한다.
6. 양철통을 두를 만큼 리본의 길이를 잰 다음 재단한다.
7. 리본 길이에 맞게 양면테이프를 자른 다음 리본 뒷면에 붙인다.
8. 리본을 양철통 둘레에 맞게 붙여 완성한다.

7

자수틀에 꽃으로 수놓기,

압화

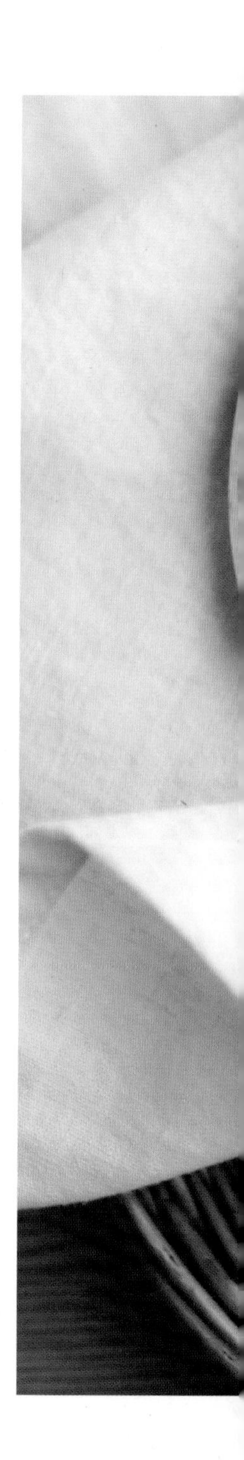

오색실로 한 땀 한 땀 꿴 듯 꽃으로 수를 놓는다.
투박한 광목천에 꽃향기가 배어 향기로움이 가득 피어난다.
꽃들이 살아 움직이듯이, 아지랑이처럼 봄날의 왈츠를 춘다.

Materials · 자수틀, 자수천(워싱 광목), 쪽가위, 목공용 본드, 끈, 압화 핀셋

압화 · 보라 로베리아

Cherry's Story 꽃과 줄기를 통째로 말린 압화의 모양을 보고 어떻게 배치할지 먼저 구상한다. 오른쪽을 향하고 있는 꽃은 오른쪽에, 왼쪽을 향하고 있는 꽃은 왼쪽에, 길게 뻗은 꽃은 중앙에 배치한다.

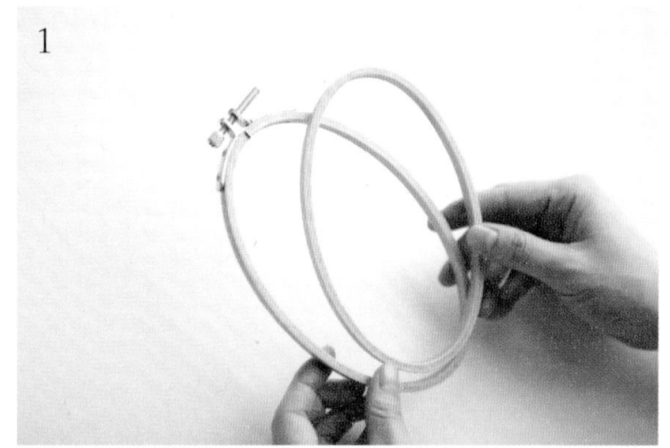

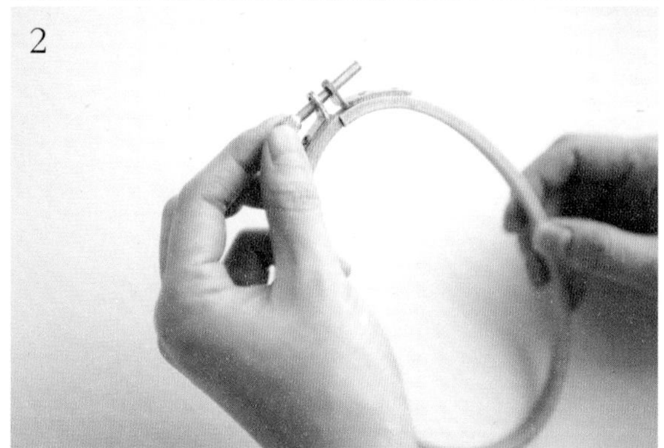

tip 압화는 꽃이나 나뭇잎 등을 눌러서 자연 건조한 것으로 꽃누르미라고도 한다. 두꺼운 책 사이사이에 끼워 간편하고 쉽게 만들 수 있다. 또한 포털 사이트에서 '압화'를 검색하면 꽃색을 보존 처리한 압화를 구매할 수 있다. 자수틀과 광목천을 이용해 디자인과 크기가 다양한 인테리어 소품으로도 활용해 보자!

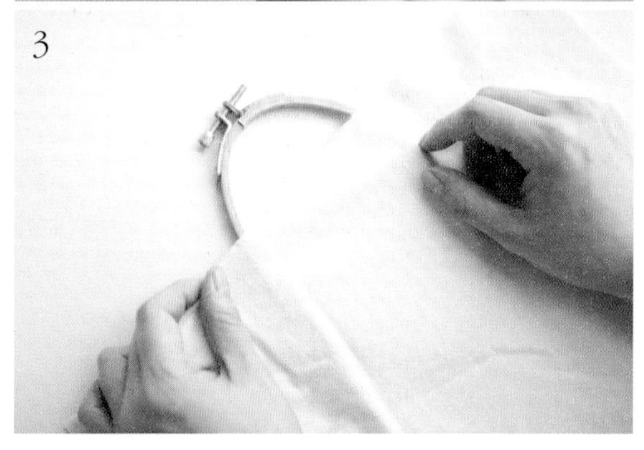

How to make

| 꽃과 줄기가 하나인 꽃을 그대로 눌러 수놓기 |

1. 10×16cm 크기의 자수틀을 준비한다. 수틀의 안쪽과 바깥쪽을 분리한다.
2. 수틀 윗부분의 나사를 풀어 천을 끼울 준비를 한다.
3. 나사가 달린 수틀 위로 천을 덮는다.

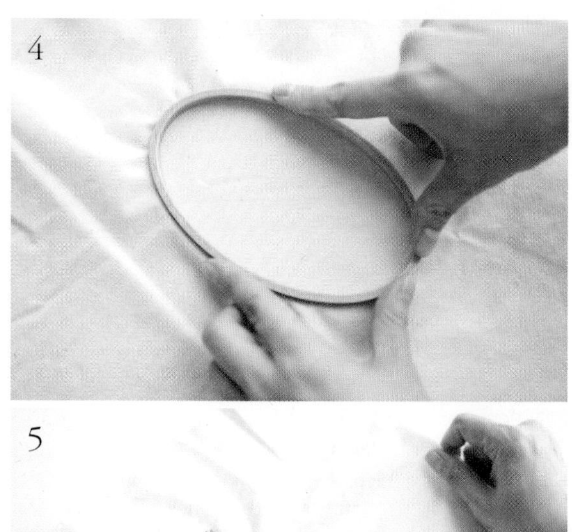

4. 분리한 수틀을 끼워 천을 고정한다.
5. 천을 좌우, 위아래로 팽팽하게 살짝 당겨준다.
6. 벌어진 수틀을 나사로 다시 한번 조여 단단히 고정한다.

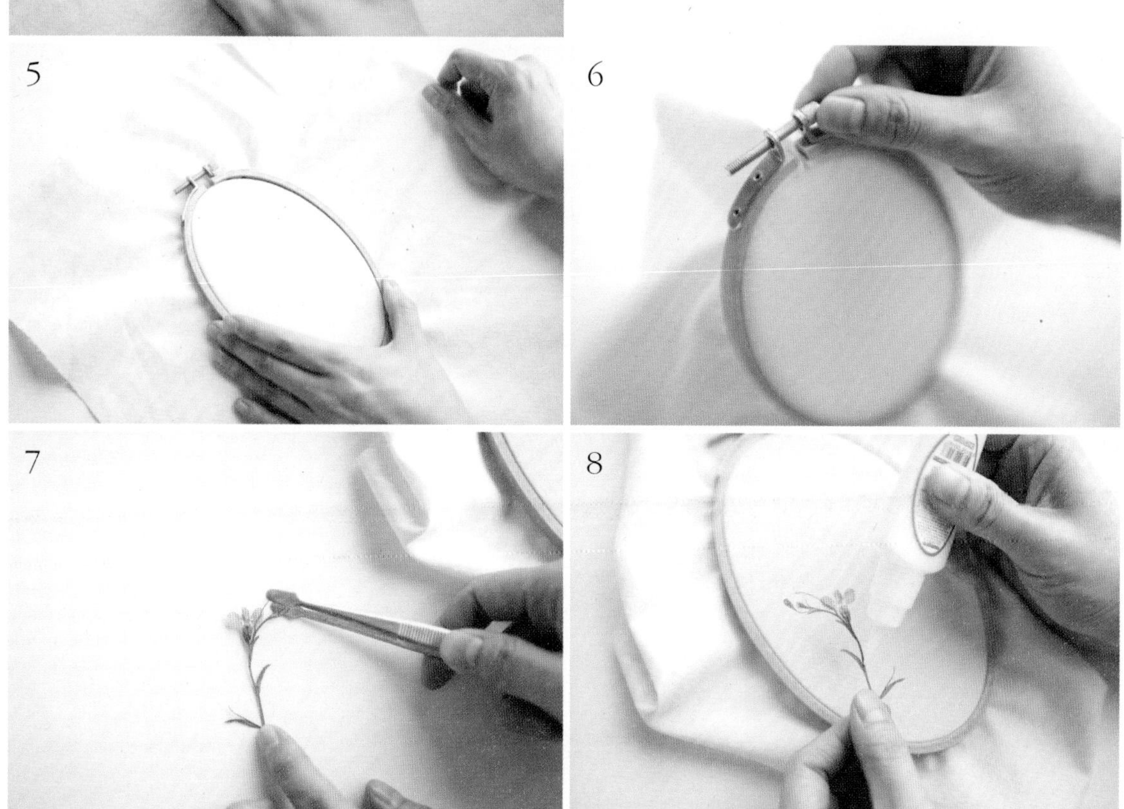

7. 로베리아 압화를 줄기 그대로 준비한다. 압화를 손으로 잡으면 부스러지거나 훼손될 수 있으므로 핀셋을 이용한다. 한 손으로 압화를 눌러 다른 한쪽이 들리면 핀셋으로 안전하게 집는다.
8. 목공용 본드를 압화 뒷면에 꼼꼼히 바른다.

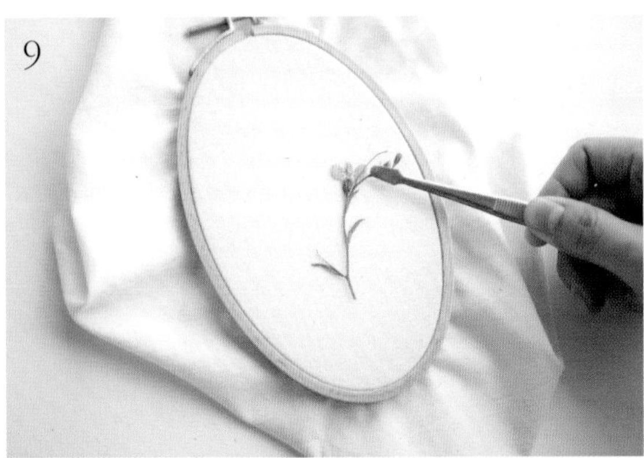
9

10

9. 좌우, 위아래 여백을 감안하여 압화를 적당한 위치에 붙인다. 줄기 모양이 오른쪽으로 휘어진 로베리아 압화를 오른쪽에 붙인다.
10. 가운데는 줄기가 곧은 압화를 선택하여 목공용 본드를 발라 붙인 다음 손으로 부드럽게 밀착시킨다.
11. 왼쪽도 7~9와 같은 방법으로 압화를 붙인다.
12. 로베리아 꽃잎을 한 장씩 떼어 좀더 자연스러운 디자인을 연출한다.

11

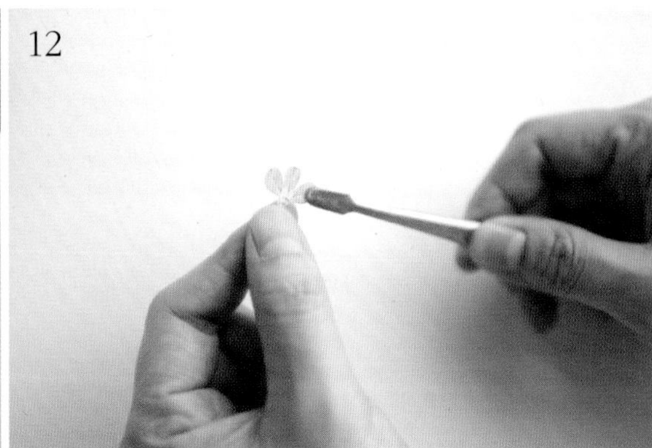
12

13. 빈 공간에 꽃잎을 목공용 본드로 붙인다. 심플하고 자연스러운 느낌을 살려 적당히 배치한다.

14. 수틀 뒷면의 천을 쪽가위로 바짝 잘라 정리한다.

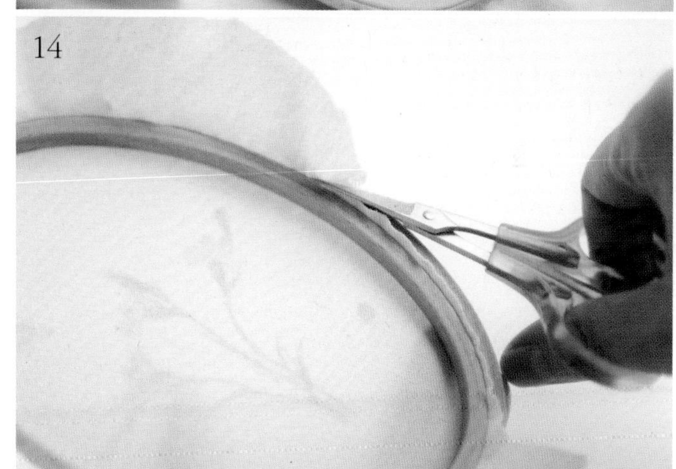

15. 수틀을 걸어두기 위해 나사의 공간에 끈이나 리본을 건 뒤 간단하게 매듭을 짓고 바짝 잘라 깔끔하게 정리한다.

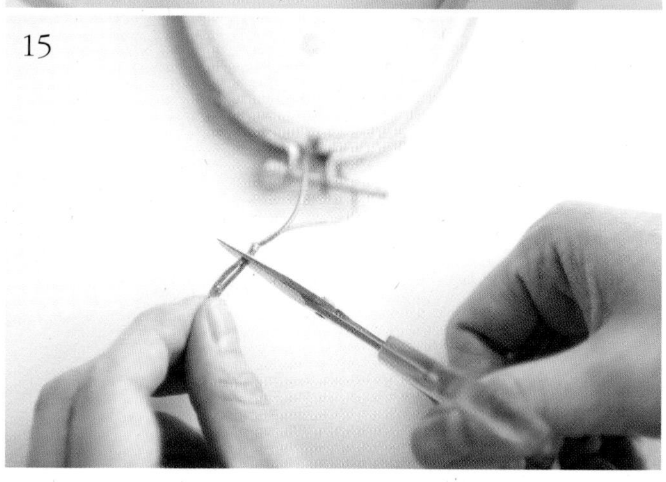

Materials · 100쪽과 동일 **압화** · 마가렛(화이트, 옐로), 아미초, 풍선덩굴, 고비(고사리)

| 꽃잎을 떼어 수놓기 |

1. 13×21cm 크기의 수틀을 준비하고 100~101쪽의 1~6 과정을 참고해 안쪽과 바깥쪽을 분리한 뒤 천을 씌우고 나사를 조여 고정한다.
2. 그린 소재로 먼저 형태를 잡기 위해 고비(고사리)에 목공용 본드를 바른다.
3. 위아래 여백을 감안해서 아래쪽 중앙에 위치를 잡고 붙인다.
4. 자연스러운 느낌의 풍선덩굴 압화를 좌우 여백을 보며 원형으로 붙인다.

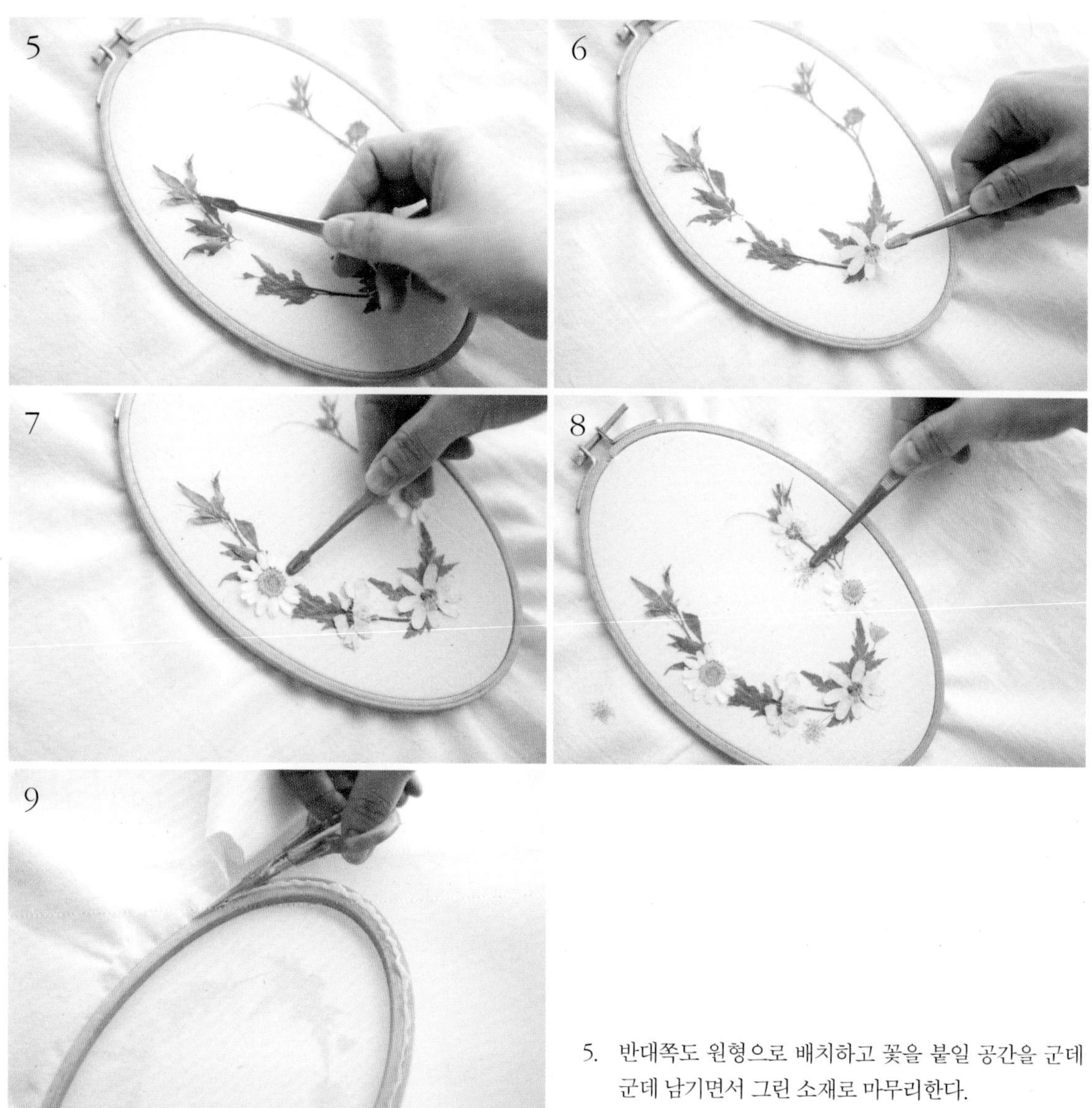

5. 반대쪽도 원형으로 배치하고 꽃을 붙일 공간을 군데군데 남기면서 그린 소재로 마무리한다.
6. 꽃이 큰 마가렛 옐로 압화의 뒤쪽 중심에 목공용 본드를 바르고 수틀에 붙인다.
7. 마가렛 화이트와 옐로 압화를 색감과 균형을 고려해 붙인다.
8. 가볍고 작은 아미초를 붙여 공간을 채우고 자연스러운 느낌을 살린다.
9. 꽃을 디자인한 다음 수틀의 천을 정리하여 완성한다.

Janet
MAPLE SUGAR
COOKIE

8

일상의 선물,

센터피스

잠들어 있던 부엌 한편,
작은 초 하나와 테이블에 활기를 더해 줄 꽃을 선물한다.
옹기종기 앉아 촉촉해진 공간처럼,
혼자임에 외롭지 않게 내 귓가로 와서 이야기를 건넨다.
'어제와 같은 오늘이라도, 괜찮아.'

Materials · 플로랄폼, 빈티지 양철통, 칼, 글루건, 꽃가위, 플로랄 테이프, 26번 와이어

Dry flower · 유칼립투스 블랙잭, 열매 유칼립투스, 라넌큘러스(오렌지, 옐로, 진핑크), 옐로 아킬레아, 오렌지 천일홍, 노란 장미 등

Cherry's Story 어레인지먼트를 할 때 무작정 예쁜 꽃을 꽂는 것이 아니라 어떻게 완성할 것인지 계획하고 작업하는 것이 좋다. 이때 꽃의 종류나 모양뿐 아니라 전체적인 크기도 계획하는데 완성된 모습을 위에서 봤을 때 가장 넓은 길이를 꽃의 '너비', 앞에서 봤을 때 상하로 가장 긴 것을 '높이'로 지정한다. 꽃의 크기를 정해야 계획성 있게 꽃을 자르고 꽂을 수 있다.

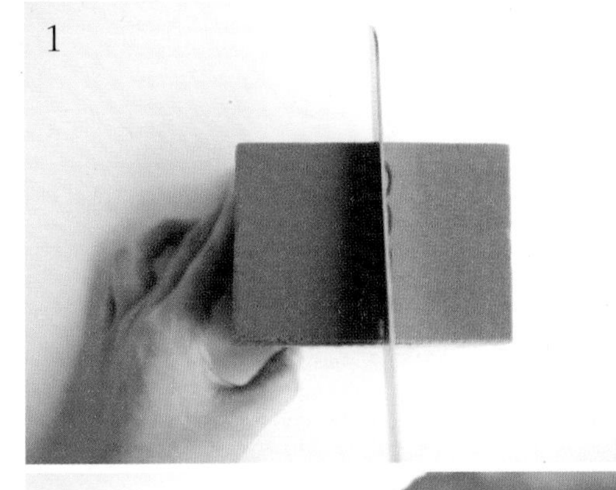

tip 꽃꽂이에 관한 간단한 용어 설명

- **어레인지먼트** : 주로 센터피스나 꽃바구니를 만들 때 많이 사용된다. 일반적으로 플라워 어레인지먼트 혹은 플라워 디자인이라고도 한다.
- **센터피스** : 테이블 중앙에 놓는 꽃 장식을 말한다.
- **베이싱** : 일반적으로 그린 소재를 이용해서 베이스를 채워준다는 뜻으로 사용된다.
- **바인딩 포인트** : 꽃다발 만들 때 꽃을 묶는 지점을 말한다.

How to make

1. 3분의 1로 자른 플로랄폼을 양철통의 크기에 맞게 다시 2분의 1로 자른다.
2. 1을 양철통 입구에 살짝 눌러 자국을 낸다.
3. 2를 양철통에 들어가는 크기로 모서리 부분을 돌려가며 자른다.

4. 3을 고정하기 위해 플로랄폼의 아랫부분에 글루를 바른다.
5. 양철통에 4를 넣고 손으로 꾹 눌러 고정한다.
6. 번서 그린 소재로 베이싱 작업을 한다. 유칼립투스 블랙잭 줄기 부분에 있는 잎사귀를 떼어낸다.
7. 높이와 너비를 유칼립투스 블랙잭으로 결정한다. 유칼립투스를 플로랄폼에 2~3cm 정도 깊이 꽂는다.

tip 중심이 되는 높이와 너비 측정

- **높이** : 빈티지 양철통의 높이로 1:1 혹은 1:1.5 비율로 그린 소재를 꽂는다.
- **너비** : 결정한 높이의 70~80% 길이로 짧게 자른다.
- 높이와 너비가 너무 길거나 넓으면 꽂아야 할 꽃의 양이 많아지므로 준비한 꽃의 양을 보면서 결정한다.
- 중심이 되는 높이와 너비를 결정한 다음 꽃 크기가 큰 것에서 작은 것 순으로 꽂고, 자연스러운 라인의 소재와 가벼운 소재들을 다른 꽃들보다 더 길게 빼낸다.

8. 꽂아놓은 유칼립투스 블랙잭 사이사이에 열매 유칼립투스를 꽂아 3분의 1 정도를 채워 베이싱을 완성한다.
9. 부피감이 있는 아킬레아를 화기 앞쪽과 뒤쪽에 꽃의 방향을 보며 꽂는다.
10. 노란 장미를 베이싱한 유칼립투스 블랙잭보다 조금 낮은 길이로 잘라 꽂는다.

11. 아킬레아와 노란 장미 사이에 같은 색감의 오렌지 라넌큘러스를 꽂는다.
12. 꽃이 작은 라넌큘러스는 조금 길게 잘라 자연스럽게 꽂는다.
13. 한쪽으로 치우치지 않았는지 뒤쪽과 옆쪽 비어 있는 공간을 체크하고, 활짝 핀 진핑크 라넌큘러스를 빈 공간에 꽂아 채운다.
14. 가벼운 오렌지 천일홍과 꽃봉오리 라넌큘러스 줄기 라인을 살려 길게 꽂는다.

15. 센터피스를 돌려가면서 빈 공간을 체크하고 사이사이 채운다.
16. 자연스러운 느낌의 노란색 센터피스가 완성된다.

15

16

tip 줄기가 짧거나 꽃만 있는 경우 와이어링 방법

꽃을 고정해야 하거나 줄기가 약하고 손상되었을 때 와이어를 사용한다. 와이어는 짝수 번호로 구입할 수 있는데 26번~18번 와이어가 그것이다. 26번 와이어가 가장 얇고, 18번 와이어가 가장 굵다. 주로 사용되는 26번 와이어는 꽃이나 소재의 자유로운 디자인에 사용되고, 18번 와이어는 화관의 베이스 링을 만들 때 많이 사용된다.

1. 26번 와이어 끝부분을 꽃가위로 뾰족하게 자른 뒤 꽃받침 근처에 관통시킨다.

tip 26번 와이어를 ∩로 만들어 줄기 뒷부분에 지지대를 만들어준다.

2. 관통한 26번 와이어를 줄기 쪽으로 내린다.

3. 꽃과 철사를 한데 모아 플로랄 테이프로 고정한다. 플로랄 테이프는 사선으로 살짝 당기면서 내려야 접착성이 생긴다.

4. 꽃이나 줄기가 짧아도 와이어링을 할 수 있다.

5. 꽃가위로 잘라서 사용한다.

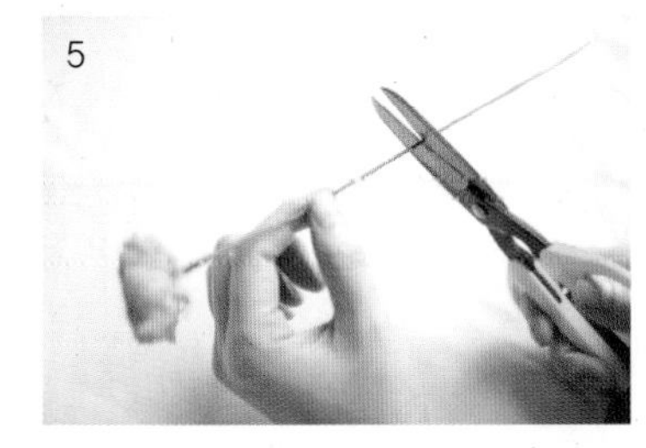

9

가슴에 꽃피우다,

뺘띠 바구니

어떤 시련과 아픔에,
어느 순간 가슴 깊이 미소를 피우지 못한 채
꽁꽁 얼어붙은 가슴으로 자신을 잃어갈지 모른다.
예쁘지 않은 꽃이 없듯,
당신은 꽃보다 더 예쁘고 아름다운 존재라는 것을 잊지 말기를.

NATURA

Materials · 플로랄폼, 칼, 바구니, OPP 비닐 또는 신문지, 26번 와이어, 플로랄 테이프, 꽃가위, 리본

Dry flower · 그린 수국, 유칼립투스 레드 브릿지, 화이트 · 연보라 장미, 핑크 · 청색 스타티스, 보라 천일홍, 안개꽃 약간, 미스티블루 약간

Cherry's Story 그린 소재로 베이싱을 하고 전체 높이와 너비를 어느 정도 정한 뒤 부피감 있는 꽃으로 공간을 정한 다음 나머지 꽃들을 순서대로 꽂는다.

1

2

3

How to make

1. 바구니 크기에 맞게 플로랄폼을 자른다. 여기서는 2분의 1로 자른 다음 바구니 크기를 재가며 잘랐다.
2. 바구니에 잘 들어가도록 플로랄폼의 모서리를 다듬는다.
3. 빈 공간에 OPP 비닐 또는 신문지를 넣어 플로랄폼을 고정한다.

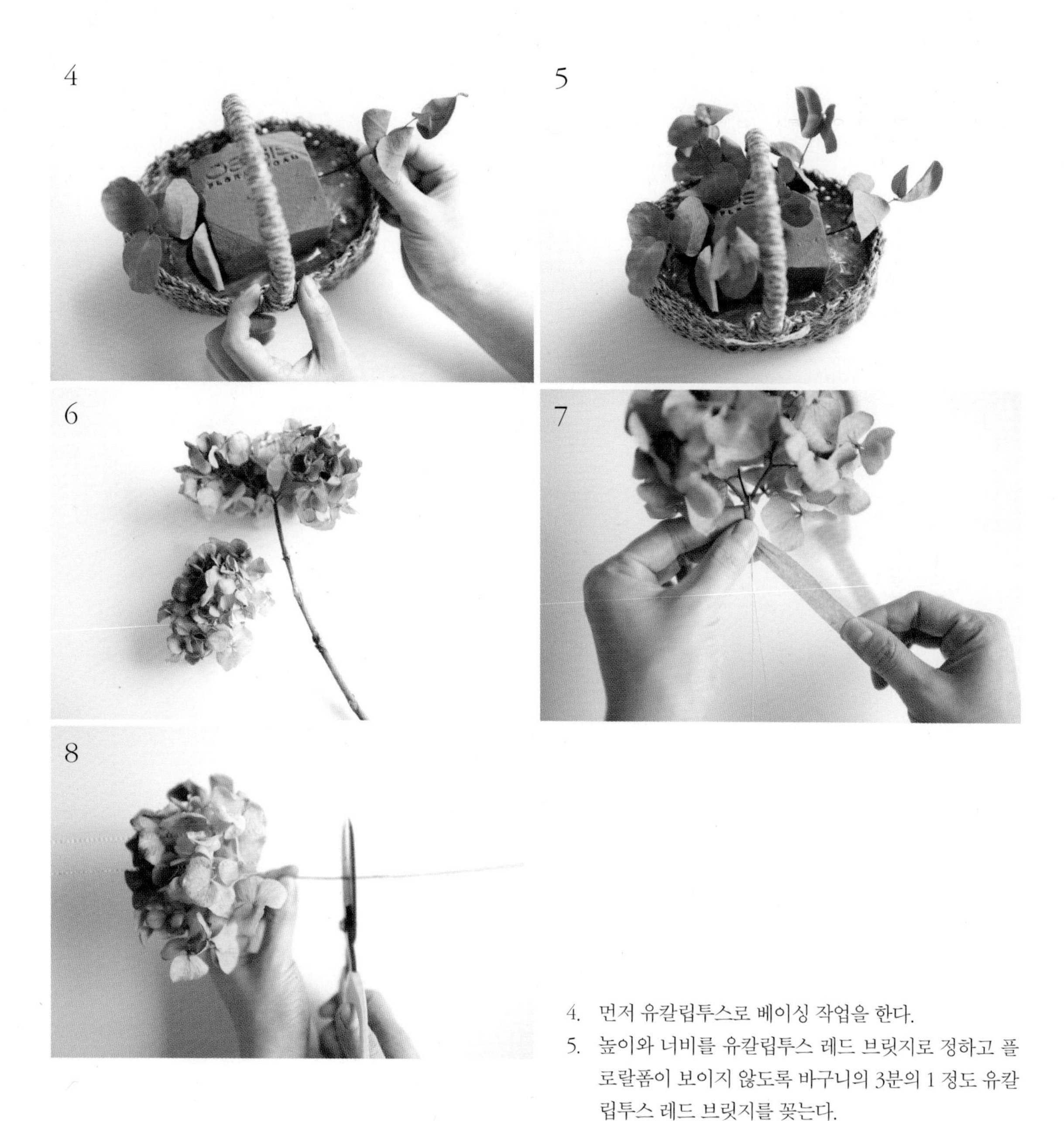

4. 먼저 유칼립투스로 베이싱 작업을 한다.
5. 높이와 너비를 유칼립투스 레드 브릿지로 정하고 플로랄폼이 보이지 않도록 바구니의 3분의 1 정도 유칼립투스 레드 브릿지를 꽂는다.
6. 부피감이 있는 그린 수국 줄기를 한 덩어리 분리한다.
7. 113쪽을 참고해 분리한 수국을 와이어링하여 줄기를 만든다.
8. 7을 그림과 같이 짧게 자른다.

9. 8을 바구니 아래쪽에 걸치듯이 꽂는다.
   tip 덩어리가 큰 꽃은 아래쪽으로 꽂아야 안정감이 있다. 삼각형 구도가 안정적인 느낌을 주는 것과 같은 이치!
10. 뒷부분에도 대각선 방향으로 바구니 아래쪽에 꽂는다.
11. 바구니의 높이와 너비를 다시 한번 잡아주기 위해 잘 말린 장미를 준비한다.
12. 바구니의 높이를 결정하는 장미는 꽃 부분이 상하지 않도록 바구니 손잡이보다 아래에 올 정도의 길이로 자른다.

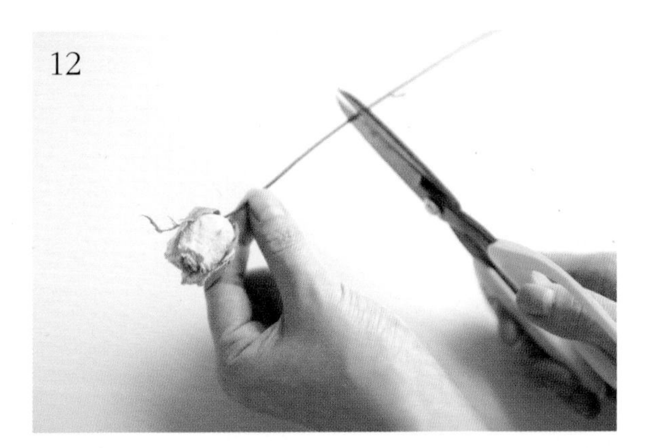

13. 장미로 중심점의 높이와 너비를 잡아가면서 꽂는다.
14. 사방에서 보는 디자인이기 때문에 한쪽으로 치우치지 않도록 한다.
15. 높이와 너비 사이 공간을 보라색 장미로 채운다.

16. 스타티스는 장미보다 높지 않게 잘라 장미를 가리지 않도록 한다.
17. 꽃과 꽃 사이 공간에 질감과 색감이 다른 청색과 보라색 스타티스를 꽂는다.
18. 17의 사이사이에 자연스러운 느낌을 살려주는 미스티블루와 풍성한 느낌을 주는 안개꽃을 꽂아 남은 공간을 채운다.

19. 자연스러움과 재미를 주기 위해 보라색 천일홍을 다른 꽃들보다 길게 잘라 꽂는다.
20. 바구니를 돌려가며 비어 있는 부분이 없는지 체크한다.
21. 마지막으로 바구니 손잡이 부분에 리본을 묶어 장식한다.

10

드라이플라워와 캘리그라피

캔버스 액자

마음을 담아 써 내려간 글귀,
따스한 감성이 삶 속에서 적지 않은 위로가 되어준다.
지친 일상에 아무 말도 하고 싶지 않은 날,
마음을 녹여주는 글귀와 꽃이 나의 어깨를 토닥인다.
'수고했어. 오늘도~'

수고했어
오늘도

Materials · 캔버스 액자, 서예 붓, 먹물, 꽃가위, 글루건, 마끈, 레이스 리본

Dry flower · 유칼립투스, 골든볼, 노란 장미, 아이스윙, 부부젤라 장미, 자나 장미, 노단새, 빨간 미니 장미, 핑크 장미, 핑크 스타티스

How to make

1. 캔버스 액자에 서예 붓으로 원하는 글귀를 쓴다. 캔버스에는 먹물이 잘 먹지 않으므로 여러 번 붓질한다.
   tip 캔버스 액자는 화방에서 다양한 크기를 구매할 수 있다.
2. 가장 큰 꽃을 메인으로 하고 자나 장미를 함께 잡는다. 여기서는 메인 꽃을 부부젤라 장미로 했다.

3. 사이사이에 스타티스와 다른 꽃들을 원형으로 잡아나간다.
4. 선명하고 화려한 느낌을 주는 노란 장미와 골든볼을 섞는다.
5. 자연스러운 느낌을 살리기 위해 유칼립투스를 길게 잡는다.
6. 플로랄 테이프나 스카치테이프를 이용해 하나로 묶는다.
7. 마끈으로 플로랄 테이프를 감싼 줄기를 감고 끝에 글루를 발라 베이싱을 마무리한다.
8. 레이스 리본으로 장식한다.

9. 완성한 미니 다발 뒤쪽에 글루를 두 줄로 바른다.
10. 캔버스 액자 위에 9를 손가락으로 눌러 붙인다.
11. 꽃들 사이에 노단새를 넣어 색감을 분산함으로써 변화를 준다.
12. 빈 공간에 꽃을 붙여 꾸민다.

13 캘리그라피와 드라이플라워를
조합한 캔버스 액자가 완성된다.

tip 완성한 미니 다발을 수정하는 방법

1. 마음에 들지 않는 꽃이 있다면 꽃 얼굴을 꽃가위로 자른다.
2. 대체할 꽃 얼굴을 잘라 뒷부분에 글루를 바른다.
3. 잘라낸 꽃 위치에 2를 붙인다.

D R Y F L O W E R

Styling

특별한 날을 위한

홈 파티 소품 만들기

11

언 제 나　　푸 른 빛 ,

리스

짙은 안개 사이로 반짝이는 커튼처럼 햇살이 비친다.
푸른 빛깔의 잎사귀들도 아침을 재촉하듯
깊은 겨울의 고요를 깨운다.
푸르름 가득한 봄날의 아침처럼, 평온한 마음으로 푸른빛을 만끽한다.

Materials · 리스 틀(20cm, 중간 크기), 꽃가위, 와이어, 리본

Dry flower · 골든볼

Flower · 열매 유칼립투스 생화

Cherry's Story 서양에서는 집 안이나 문 앞에 리스를 걸어두곤 하는데, 나쁜 기운을 몰아내고 행복과 영원한 사랑을 의미한다고 한다. 덩굴이나 잔가지들을 둥글게 말아 틀을 만들어 그 위에 꽃을 장식한다.

How to make

1. 열매 유칼립투스 생화를 리스 틀에 맞추어 적당한 크기로 자르되 열매와 잎사귀를 살리고 리스에 잘 꽂을 수 있도록 줄기 아래쪽 잎사귀는 떼어낸다.
   tip 잎은 2~3일이면 쉽게 마르므로 작업에 용이한 생화를 이용하여 리스를 만들고, 자연스럽게 건조되는 과정을 즐길 수 있다.
2. 정리한 열매 유칼립투스를 리스 틀 사이에 끼운다.
   tip '오른쪽에서 왼쪽' 또는 '왼쪽에서 오른쪽', 한쪽 방향으로 가지런히 감아나간다.
3. 리스 틀에 끼운 열매 유칼립투스를 단단히 고정하기 위해 그림과 같이 와이어로 잘 감는다.
   tip 인터넷이나 꽃시장 부자재 코너에서 다양한 크기와 모양의 리스 틀을 구매할 수 있다.

4. 리스 뒤쪽에서 와이어를 묶어 고정한다.
5. 열매 유칼립투스를 리스 틀 사이에 꽂고 다시 와이어로 감는다.
6. 리스 형태에 맞춰 열매 유칼립투스의 자연스러움을 살려가며 엮는다.

7. 열매 유칼립투스를 다 엮은 뒤 와이어를 잘라 리스 틀 안쪽으로 정리한다.
8. 포인트 장식에 사용할 골든볼을 다양한 길이로 자른다.
9. 유칼립투스와 마찬가지로 리스 틀 사이사이에 골든볼을 끼운다.

   tip 골든볼을 단단히 고정하기 위해 와이어로 감는다.
10. 골든볼 줄기를 깊게 또는 길게 번갈아가며 리듬감을 준다.
11. 조금 아쉽거나 비어 보이는 부분에 리본을 달아준다.

12. 리본을 자르지 않고 자연스러운 느낌이 들도록 길게 늘어뜨린다.
13. 정리된 테이블에 올리고 형태를 다시 한번 체크하면서 완성한다.

tip 겨울 리스로는 골든볼 대신 목화솜이 어울린다.

12

냉정과 열정 사이,

캔들링

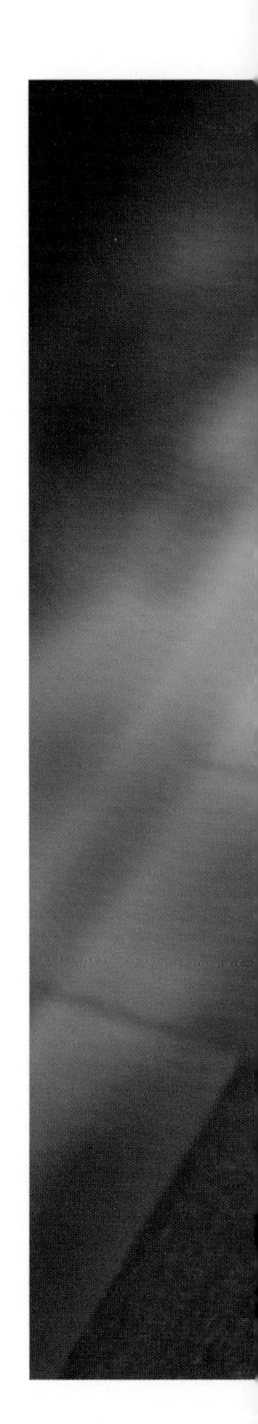

열쇠를 잃어버린,
잠긴 심장은 깊은 잠에 빠져버렸다.
누구도 대신해 줄 수 없는 기나긴 혼자만의 시간.
끝이 보이지 않는 길에서
새빨갛게 피어난 꽃을 그저 조용히 바라본다.
그리고 다시 나의 심장이 뛰기 시작한다.

Materials · 리스 틀(15cm), 글루건, 꽃가위

Dry flower · 화이트 노단새, 레드 천일홍, 유칼립투스 잎 약간, 장미 종류(아이스윙 장미, 블랙뷰티 장미, 연핑크·다홍 미니 장미, 핑크 장미)

Preserved flower · 레드 수국

1

2

3

4

How to make

1. 프리저브드플라워 레드 수국의 가지를 자른다.
2. 수국 3~4개를 리스 틀에 분산하여 레이아웃을 잡는다. 여기서는 3개를 사용했고, 4개일 경우 좌우, 위아래 십자 모양으로 구성한다.
3. 글루건을 이용해 2를 리스 틀에 붙인다.
   tip 완전히 마른 드라이플라워일 경우 글루건을 이용해 붙이고, 생화나 덜 마른 소재는 와이어로 감아줘야 더 단단하게 고정된다.
4. 장미 줄기를 잘라 꽃만 준비한다.

5. 먼저 꽃 얼굴이 가장 큰 장미를 골라 글루를 바른다.

6. 수국 덩어리 쪽에 꽃 얼굴이 큰 장미를 붙인다. 이때 꽃이 다양한 방향을 바라보도록 한다.

7. 두 번째로 꽃 얼굴이 큰 아이스윙 장미를 붙인다. 덩어리를 유지하면서 색감이 한쪽으로 치우치지 않고 방향도 너무 일정하지 않게 붙인다.

8. 미니 장미 중에서 채도가 높은 다홍빛 장미를 동그란 덩어리 형태를 만들어가며 붙인다.

9. 화이트 노단새는 다른 꽃들보다 길게 잘라 자연스러운 느낌을 살린다.
10. 레드 천일홍도 노단새와 마찬가지로 돋보이도록 높은 정도로 리스 틀에 끼운다.
11. 전체적으로 붉은색을 분산하기 위해 유칼립투스 잎을 하나하나 떼어 준비한다.
12. 유칼립투스 잎 끝에 글루를 바른다.

13. 꽃들 사이사이에 유칼립투스 잎을 붙인다.
14. 원형을 보면서 꽃이나 잎으로 채워주고 완성한다.

13

14

13

로맨틱한

빈티지 가렌드

서로의 눈을 바라보며
그 무엇도 필요치 않은 순간,
아무도 시간도 없는 그곳에 남겨진 두 사람,
변하지 않는 사랑을 기약한다.
그리고 그들만의 시간 속으로 사라진다.
사랑의 기억들을 하나둘씩 꺼내
영원한 사랑을 꿈꾼다.

Materials · 리본, 오너먼트

Tools · 꽃가위, 지철사, 마끈

Dry flower · 핑크 천일홍

Flower · 미스티블루 생화 한 단, 유칼립투스 블랙잭 생화

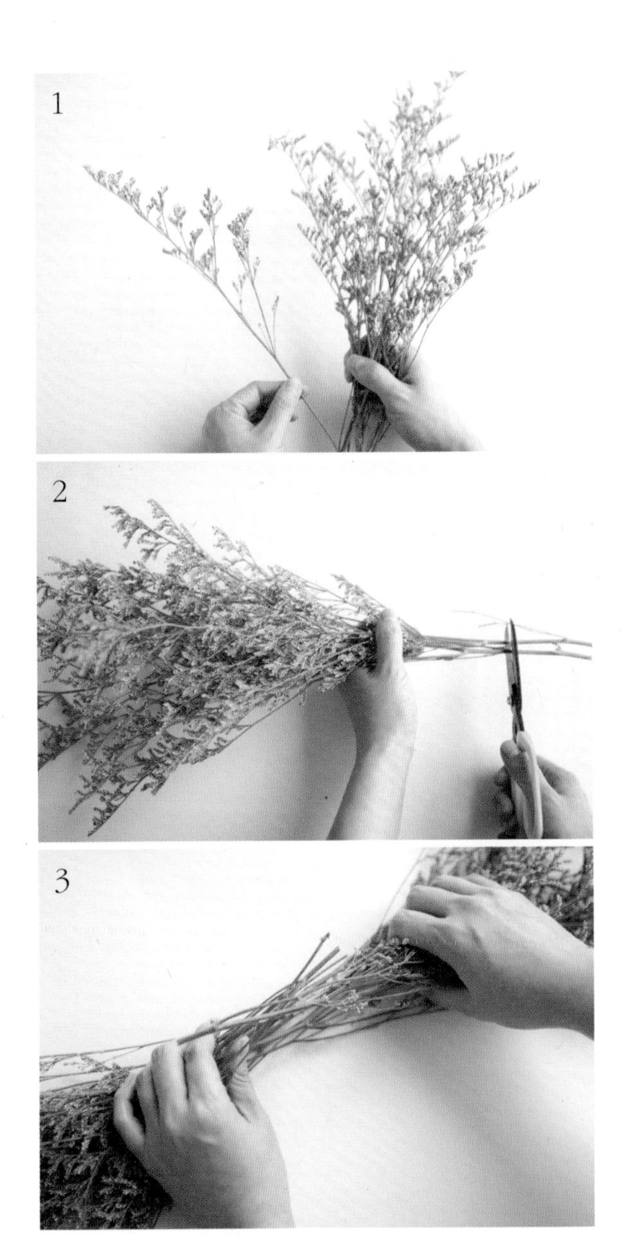

How to make

1. 미스티블루를 한 방향으로 정리한 다음 3등분한다.
2. 3분의 1을 잡은 뒤 가장 긴 길이를 정해서 위와 같이 자르고 2개로 분할한다.
3. 2의 길이를 맞춘 뒤 가지 끝을 서로 마주 보게 한 다음 사이사이에 끼워 넣는다.

4. 줄기 끝의 잎을 제거한 유칼립투스 블랙잭을 3의 미스티블루 길이만큼 자른다.
5. 3 사이에 유칼립투스 블랙잭 줄기를 꽂는다. 양쪽 모두 같은 방법으로 한다.
6. 2에서 만든 미스티블루 3분의 1을 5의 미스티블루보다 짧게 만들고,
   다시 2등분한 뒤 양쪽에 줄기를 끼워 넣는다.
7. 줄기 끝의 잎을 제거한 유칼립투스 블랙잭을 자유롭게 위아래 빈 공간에 배치한다.

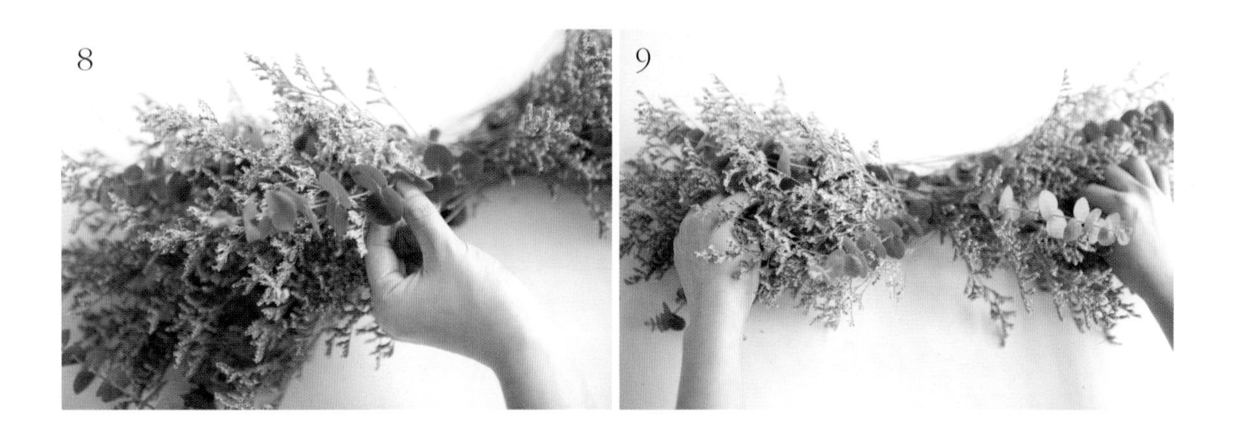

8. 6과 7의 과정을 반복해 나머지 3분의 1의 미스티블루와 유칼립투스를 양쪽에 배치한다.
9. 이렇게 세 번의 작업을 마치고 줄기 사이사이를 고정하기 위해 양쪽 끝을 살짝 잡아 중심 쪽으로 밀어준다.
10. 러블리한 핑크 천일홍을 줄기 사이로 밀어 넣어 꽂아 생동감을 준다.
    tip 한쪽으로 뭉치지 않도록 자연스럽게 배치한다.
11. 10을 고정하기 위해 마끈으로 중심을 단단히 묶는다.

tip 지철사를 이용한 간단한 리본 만들기

1. 앤티크한 리본을 선택해 그림과 같이 역삼각형 모양으로 접는다.
2. 겹쳐진 리본을 왼손으로 고정하고 리본 윗부분을 들어 올린다.

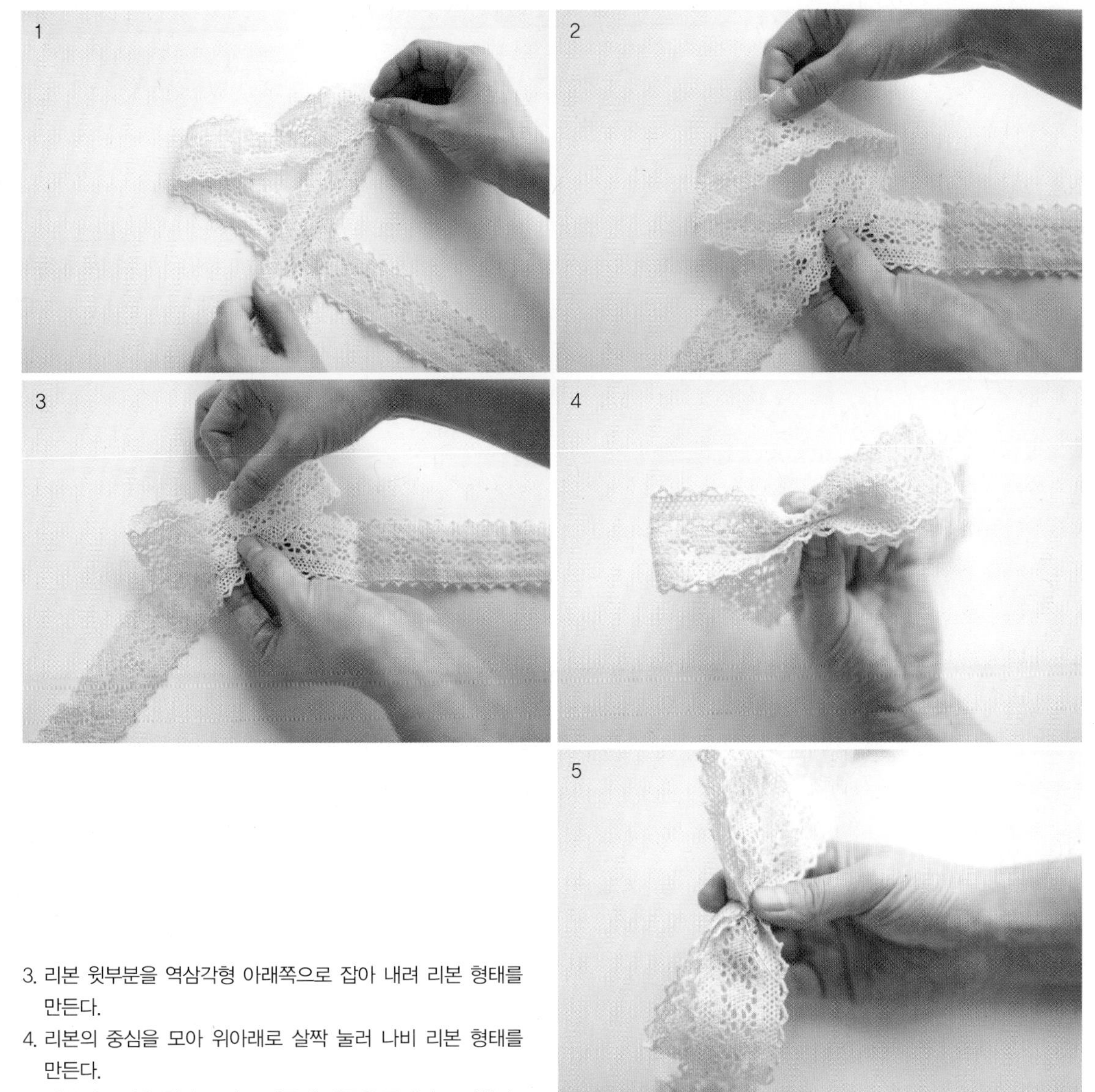

3. 리본 윗부분을 역삼각형 아래쪽으로 잡아 내려 리본 형태를 만든다.
4. 리본의 중심을 모아 위아래로 살짝 눌러 나비 리본 형태를 만든다.
5. 리본의 중심을 철사로 감고 뒤쪽에 매듭을 묶어서 고정한다.

12. 147쪽의 철사를 마끈에 걸어 고정하고 가렌드 중앙에 매단다.

13. 자작나무 오너먼트를 그림과 같이 마끈에 연결한다.
tip 서울고속버스터미널 3층 꽃 도매상가 부자재 코너에서 다양한 소품과 오너먼트를 구입할 수 있다.

14. 마끈을 가렌드에 묶어 고리를 만들고 현관이나 벽 장식으로 걸어둔다.

    tip 미스티블루와 잎 소재 등은 거꾸로 두지 않아도 잘 마르므로 생화 상태에서 가렌드를 만들어야 부스러짐이 덜하다.

14

클래식한 멜로디,

캔들 홀더

짙은 밤이 아름다운 건,
영롱하게 반짝이는 수많은 불빛 때문 아닐까?
기억에 남는 시간을 담아 작은 불빛을 태우니
어디선가 고요한 멜로디가 울려 퍼진다.

Materials · 젤 왁스 100g, 규사(흰모래), 다양한 오너먼트

Tools · 저울, 스테인리스 용기, 인덕션(핫플레이트), 온도계, 사각 유리 용기, 보티브 유리 용기, 티라이트, 종이컵

Dry flower · 핑크 천일홍, 자나 장미, 핑크 염색 안개꽃, 인터레이 장미

Cherry's Story 투명한 젤 왁스는 시원한 느낌을 주기 때문에 여름 인테리어 소품으로 좋다. 여름에는 조약돌이나 불가사리로 바다를 표현할 수 있는데, 젤 왁스를 100도 이하의 낮은 온도로 부으면 기포가 많이 생기기 때문에 바다 느낌을 낼 수 있다.
가을 겨울에는 마른 소재나 드라이플라워를 이용해 감성적인 느낌을 표현하면 좋다. 젤 왁스는 천연 왁스가 아니기 때문에 여기서는 보티브 용기에 소이 왁스로 만든 티라이트를 선택했다.

How to make

1. 젤 왁스 100g을 계량해 스테인리스 용기에 담는다.
2. 1에 랩을 씌우고 인덕션이나 핫플레이트에 올려 젤 왁스를 100도 이상으로 녹인다.
   tip 젤 왁스가 녹을 때 좋지 않은 냄새가 나기 때문에 랩을 씌운다.
3. 캔들 용기 속에 장식할 오너먼트와 드라이플라워 재료들을 준비한다.

4. 먼저 사각 용기 바닥에 규사를 뿌린다.
5. 사면에서 보는 것을 고려해 용기를 돌려가며 드라이플라워를 올린다.
6. 오너먼트도 마찬가지로 규사 위에 올려 고정한다.

7
8
9

7. 보티브 유리 용기를 넣을 공간을 제외하고 틈새에 안개꽃을 꽂는다.
   tip 보티브 유리 용기란 원기둥의 작은 유리 컨테이너로 티라이트 홀더나 보티브 캔들로 사용하기도 한다.
8. 빈 공간에 보티브 유리 용기를 넣어 자리를 잡는다.
9. 드라이플라워나 오너먼트가 쓰러지거나 가려지지 않았는지 확인한다.

10. 2에서 녹인 젤 왁스를 보티브 용기에 들어가지 않도록 주의하면서 사각 유리 용기에 천천히 붓는다.
11. 젤 왁스가 완전히 굳을 때까지 기다려 캔들 홀더를 완성한다.

10

11

D R Y F L O W E R

Styling

내 생애 단 한 번!

셀프 웨딩 용품 만들기

15

꽃잎들이 전해 줄 인사,

압화 예단 편지

꽃잎에 마음을 담아 사랑하는 사람과
함께할 가족에게 인사를 보낸다.
한 줄 써 내려간 편지에 온통 수줍음뿐이지만,
그 마음을 아는 듯 종이 위에 꽃잎이 피어난다.

Materials · 내용을 적어 넣은 한지 편지지, 한지 편지 봉투

Tools · 핀셋, 레진, 목공 풀, 접착식 한지, 가위, 면봉

압화 · 핑크·화이트 락스퍼, 핑크 수국, 화이트·핑크 미니 망초, 화이트 마가렛, 풍선덩굴

How to make

1. 한지 편지지에 내용을 프린트해 준비한다.
2. 압화를 붙이기 전에 그림과 같이 편지지를 한 방향으로 4등분하여 접는다.
   tip 압화를 다 붙이고 편지를 접으면 꽃잎이 걸리기 때문에 접는 선을 미리 표시해 두는 것이 좋다.
3. 편지지와 색감이 맞는 압화를 준비한다.
4. 압화는 손으로 잡을 경우 부서지기 쉬우므로 압화 한 쪽을 손가락으로 눌러 다른 쪽이 살짝 뜨면 핀셋을 이용해 집는다.

5. 편지지의 접힌 부분을 고려하며 압화를 디자인한다.
6. 초록색 줄기나 잎 등을 꽃잎 아래쪽에 넣어주면 생동감이 있다.
7. 덩어리가 있는 꽃은 아래쪽에, 작은 꽃은 위에 배치해 안정감을 준다.
   tip 여백을 살려가면서 너무 뭉치지 않도록 압화를 분산한다.

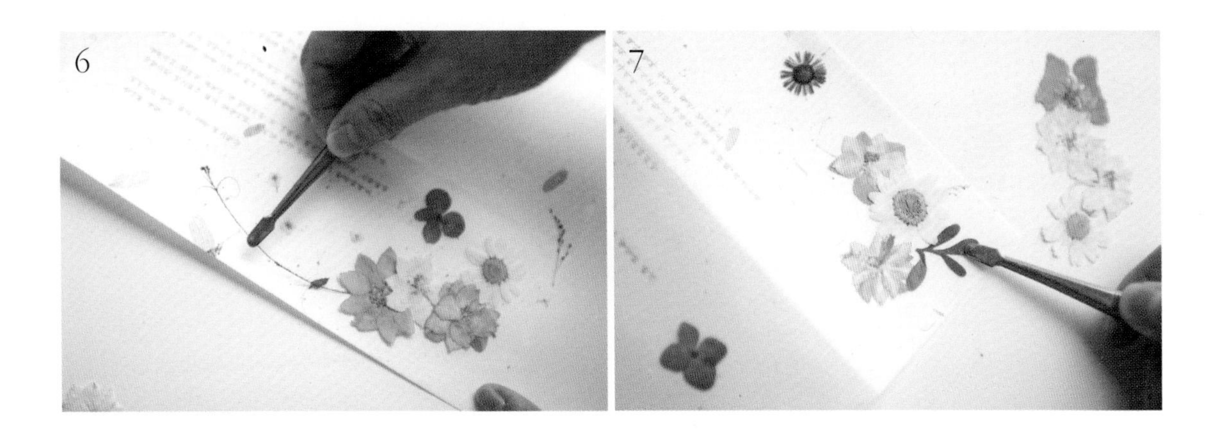

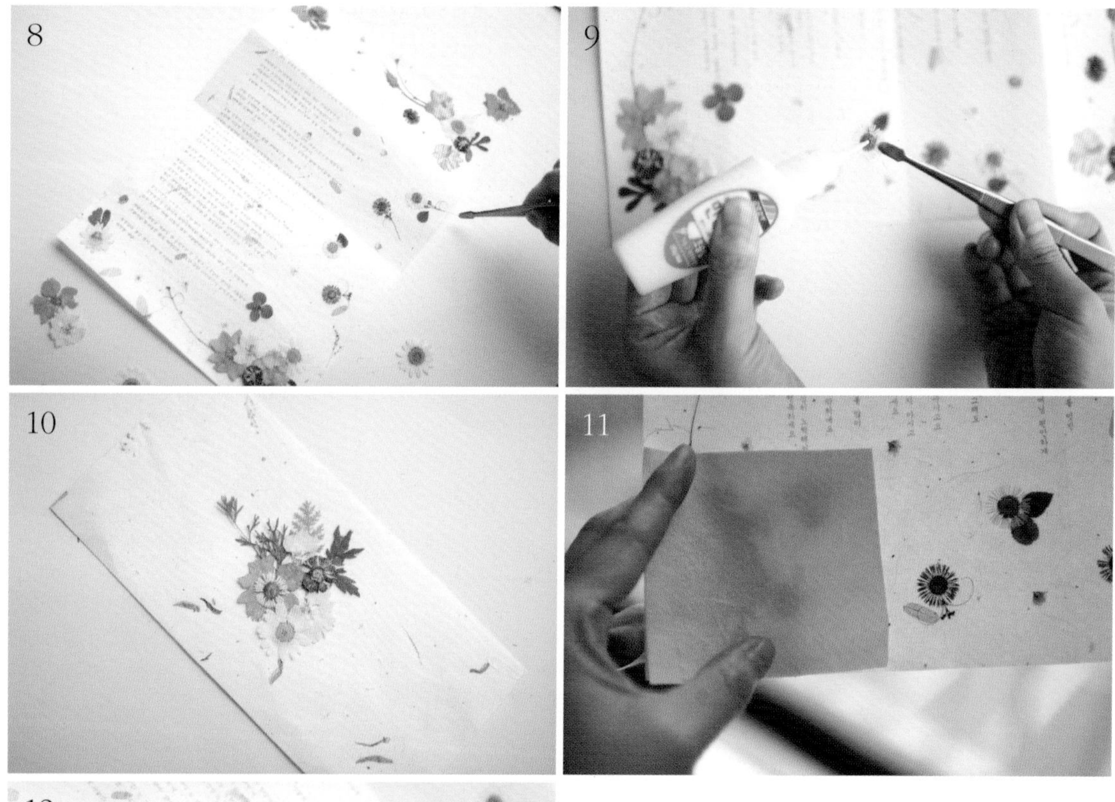

8. 한쪽으로 치우치거나 어색한 부분이 없는지 보고 수정한다.
9. 목공 풀을 압화 뒷면에 묻혀 디자인한 대로 편지지에 붙인다.
10. 편지 봉투도 같은 방식으로 디자인한 뒤 목공 풀로 붙인다.
11. 꽃잎을 오랫동안 보존하기 위해 접착식 한지를 압화 크기에 맞춰 자른다.

    tip 접착식 한지란 한지 중에서 접착할 수 있도록 만들어진 것으로 압화 위에 붙여 꽃을 보존할 때 사용하면 좋다.
12. 얇은 접착식 한지가 찢어지지 않도록 반만 떼어 압화를 덮은 후 조심스럽게 떼어낸다.

13. 11과 12를 반복해 나머지 압화에도 접착식 한지를 붙인다. 전반적으로 불투명한 상태가 된다.
14. 13에 레진을 바르면 불투명한 압화가 선명해진다. 레진을 면봉에 묻혀 한지에 바른다.
    tip 이때 압화 부위에만 레진을 발라야 말랐을 때 자연스럽다.
15. 편지지와 같은 방법으로 봉투에도 레진을 발라 한 시간 정도 두면 압화가 선명해진다.

16

천사의 꽃 장식,

화관

봉긋 피어난 꽃을 엮어 그녀의 머리 위에 사뿐히 올린다.
천사의 왕관을 쓴 그녀의 양볼에 핑크 빛이 번진다.
초록 숲과 새의 노랫소리가 들리고
동화 속 주인공처럼 그녀를 위한 세상이 시작된다.

Tools · 공예용 철사 또는 18번 와이어, 흰색 플로랄 테이프, 펜치, 글루건, 리본

Dry flower · 핑크 라넌큘러스, 핑크 천일홍, 그린 수국 꽃잎, 미니 장미, 브루니아

Preserved flower · 흰색 나뭇잎 한 장, 흰색 수국, 엘모비움, 그린 스토베 약간, 안개꽃 약간

Cherry's Story 웨딩 촬영은 움직임이 많으므로 드라이플라워에 비해 보존이 용이하고 망가짐이 덜한 프리저브드플라워를 섞어 웨딩 용품을 만들자.

How to make

1. 화관을 썼을 때 포인트를 줄 부분을 구상한 다음 머리 크기에 맞게 와이어 길이를 측정한다.
2. 측정한 길이만큼 펜치로 와이어를 자른다.
3. 흰색 플로랄 테이프로 와이어를 감싸 사선으로 당기면서 내린다.
   tip 사선 폭을 크게 해서 한 번만 감아 내려 와이어 자체가 두꺼워지지 않도록 한다.

4. 리본을 걸 고리를 만들기 위해 와이어 끝을 둥글게 접는다.
5. 와이어가 겹친 부분을 플로랄 테이프로 감싼다.
6. 포인트가 되는 부분에 가장 예쁜 꽃을 글루로 붙인다.

7. 꽃의 강약과 얼굴 방향을 고려하면서 다른 꽃들을 붙여나간다.
8. 꽃의 줄기를 자른다.
9. 중심 꽃의 얼굴과 방향을 달리해 플로랄 테이프로 꽃의 줄기를 와이어 링에 함께 엮는다.
10. 포인트를 줄 곳에 미니 장미를 넣어 부피감을 준다.
11. 입체감을 주기 위해 수국 꽃잎을 다른 꽃들보다 높게 붙인다.

7

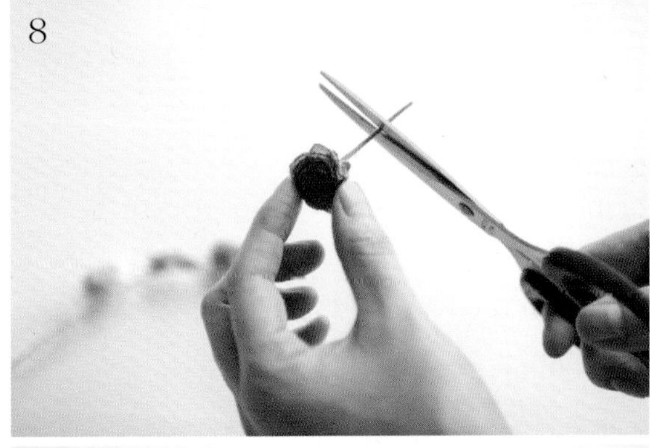

8

9

10

11

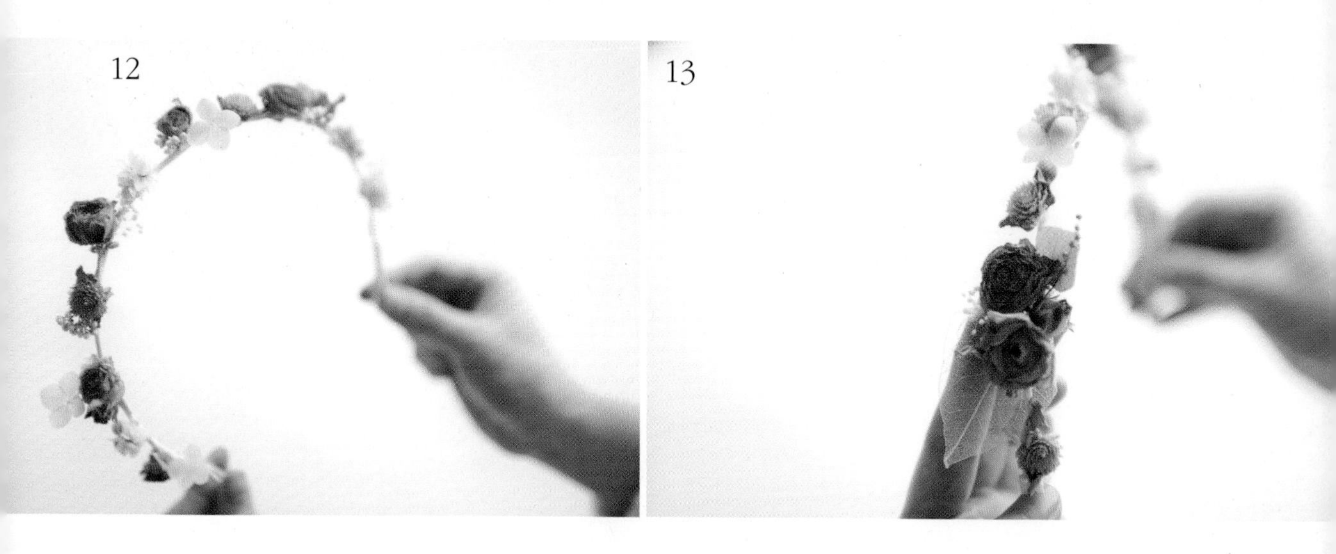

12. 꽃들과의 조합을 맞추면서 완성해 나간다.
13. 풍성한 색감을 위해 포인트를 줄 부분에 그린 수국 꽃잎과 프리저브드 나뭇잎을 덧댄다.
14. 와이어 고리 부분에 리본 끈을 묶는다.
15. 완성된 화관을 착용해 보고 마무리한다.

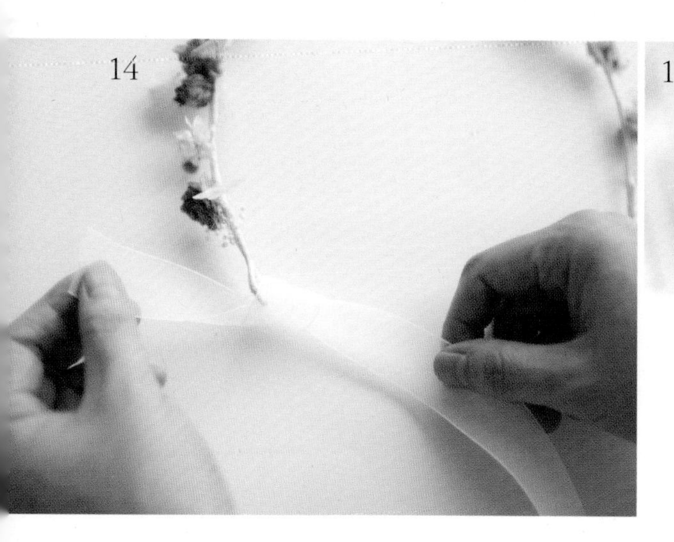

17

순 수 함 이 　 깃 든 ,

꽃반지와 꽃팔찌

영원히 변치 않을 사랑을 맹세한다.
수줍은 고백과 함께 그날을 기억할 수 있도록
나의 심장을 꺼내 당신에게 바친다.
어떠한 보석도 진심 어린 마음을 대신할 수 없으니.
당신과 나의 영원한 약속을 추억한다.

Tools · 리본 끈, 26번 와이어, 흰색 플로랄 테이프, 글루건, 가위, 모티브 천, 빈 실패, 진주

Preserved flower · 엘모비움, 화이트 수국, 안개꽃, 옐로 라이스 플라워, 스타플라워, 그린 스토베

Dry flower · 화이트 천일홍, 아킬레아

1

2

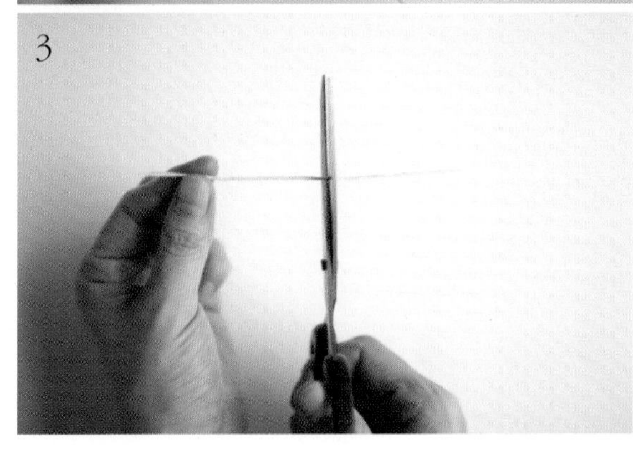

3

How to make

| 프리저브드 + 드라이플라워 꽃반지 만들기 |

1. 프리저브드플라워와 플로랄 테이프, 26번 와이어, 리본 끈 등의 재료를 준비한다.
2. 26번 와이어에 플로랄 테이프를 감아 내린다.
3. 손가락을 감쌀 정도의 길이로 2를 조금 넉넉하게 자른다.

4. 3의 끝부분에 글루를 바른다.
5. 사진과 같이 글루를 바른 곳에서부터 오른쪽으로 리본을 고정한다.
6. 플로랄 테이프의 방향대로 리본을 당기면서 감싼다.

7. 리본 끝에 글루를 묻혀서 깔끔하게 마무리한다.
8. 7을 실패에 한 바퀴 돌려서 베이스 링을 만든다.

9

10

11

9. 8에 붙일 모티브 천을 반지 크기를 고려해 작게 자른다.
10. 베이스 링 양쪽 끝부분에 글루를 바르고 9에서 준비한 모티브 천을 붙인다.
11. 꽃을 어떻게 배치할지 구상하고 가장 큰 플라워를 중앙에 글루로 붙인다.

12

13

12. 큰 꽃을 중심으로 라이스플라워와 스타플라워를 붙인다.
13. 안개꽃이나 앞에서 준비한 모티브 천 등을 작게 잘라 꽃 사이에 넣어 입체감을 준다.
14. 꽃반지를 끼어보고 사이즈를 조절한 다음 완성한다.

14

| 프리저브드 + 드라이플라워 꽃팔찌 만들기 |

1. 리본 끈을 손목에 두 번 감을 정도의 길이로 잘라 준비하고 모티브 천도 손목 너비에 맞춰 자른다.
2. 손목에 착용해 보고 모티브의 방향을 잡은 다음 글루를 발라 리본에 붙인다.
   tip 레이스 원단은 인터넷 쇼핑몰에서 구입 가능하다.

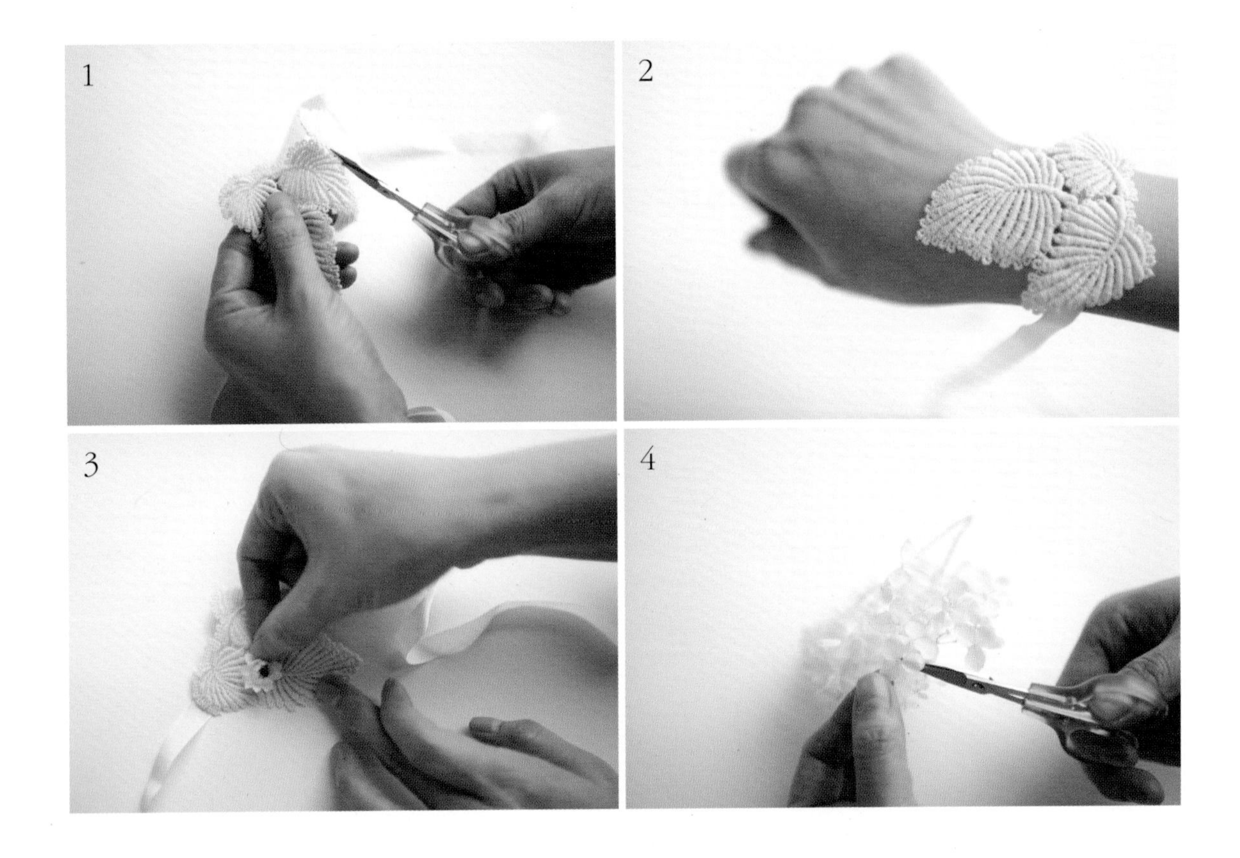

3. 꽃반지와 마찬가지로 가장 큰 꽃을 글루로 붙인다.
4. 화이트 수국 덩어리에서 수국 꽃잎만 잘라 준비한다.

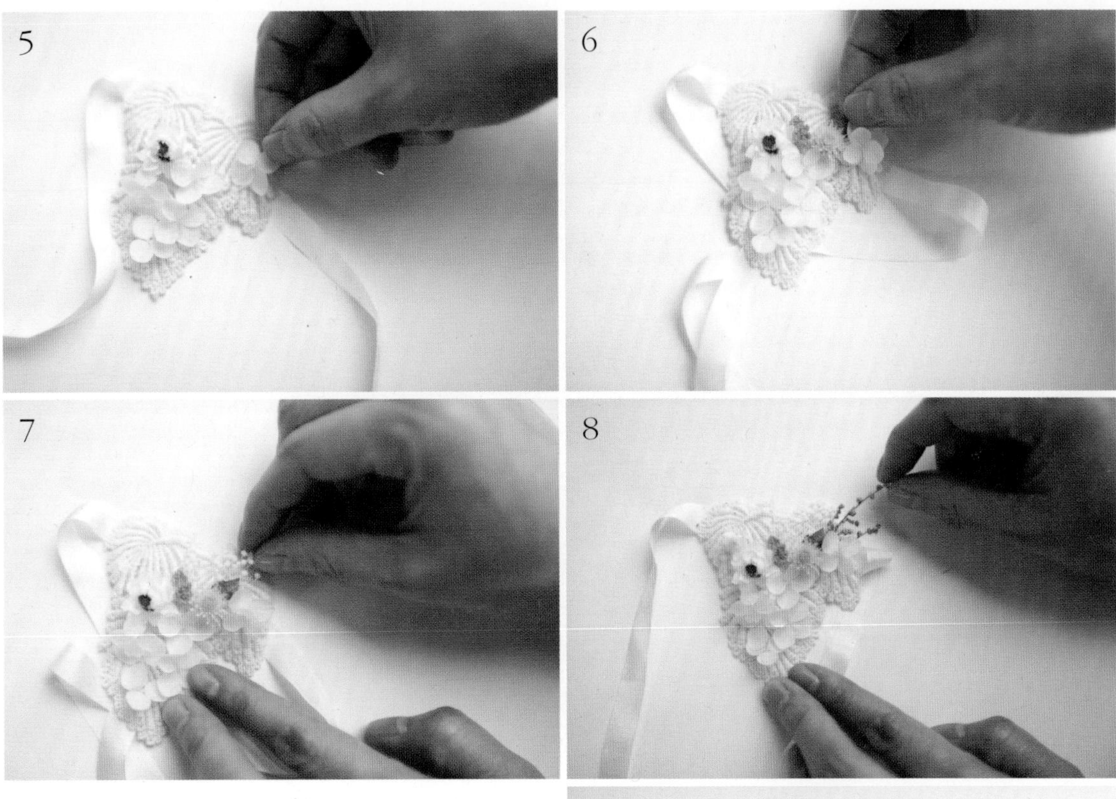

5. 큰 꽃을 중심으로 아랫부분에 4를 붙인다.
6. 큰 꽃 주변으로 천일홍이나 색감을 잡아줄 아킬레아를 붙인다.
7. 입체감을 살리기 위해 글루를 발라 안개꽃을 붙인다.
8. 꽃반지와 색감을 맞추기 위해 초록색 가지를 붙여 마무리한다.
9. 손목에 꽃팔찌를 착용해 보고 완성한다.

Cherry's Story 리본 끝을 길게 해서 헤어 소품으로 활용 가능하다.

18

마주한 두 손에 작은 꽃다발,

미니 부케

들판에 피어 있는 꽃들로 한 손 가득 채워본다.
마음대로 담긴 꽃들이 원래 하나였던 것처럼 소박하게 피어난다.
가장 예쁜 꽃을 골라 당신 가슴에 달아주고,
그곳이 어디든 당신과 함께 간다.

Tools · 초록색 플로랄 테이프 또는 스카치테이프, 꽃가위, 레이스 리본, 공단 리본, 양면테이프

Dry flower · 파블로 유칼립투스, 브러싱 브라이드, 자나 장미, 브루니아, 안개꽃 약간, 라이스플라워, 줄리엣 로즈 3송이, 미스티블루 약간

Cherry's Story 셀프 웨딩 용품에 빠져서는 안 될 부케! 가장 아름다운 꽃다발을 만들어 웨딩 촬영을 떠나자! 꽃 얼굴이 크고 화려한 브러싱 브라이드를 먼저 잡아주고 나머지 꽃 얼굴 작은 순서대로 겹치지 않게 적절히 섞어가며 꽃을 잡아준다.

How to make

1. 가장 가치 있고 화려한 꽃을 메인으로 선정한다. 여기서는 브러싱 브라이드와 줄리엣 로즈를 사용했다.
2. 왼쪽에서 오른쪽 방향으로 돌려가면서 자나 장미와 브루니아를 덧댄다.
3. 바로 옆에 라이스 플라워를 더해 빈 공간을 채워나간다.

4. 윗부분의 형태를 보며 한 방향으로 잡아주면서 부케를 만들어나간다.
5. 파블로 유칼립투스를 뒤쪽에 넣어 자연스러움을 더한다.
6. 부족한 부분에 미스티블루나 안개꽃을 덧대어 풍성하게 만든다.

7

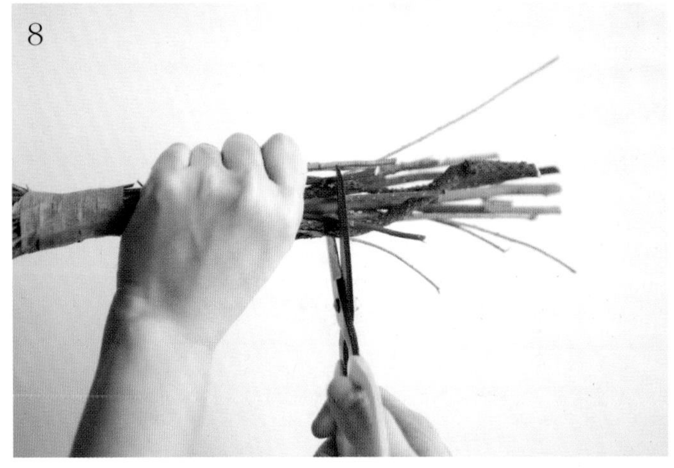
8

9

7. 플로랄 테이프나 스카치테이프를 이용해 손잡이 부분을 단단하게 고정한다. 이때 형태가 망가지지 않도록 주의한다.
8. 줄기의 길이를 정해 꽃가위로 정리한다.
9. 그림과 같이 레이스 리본을 V자로 교차한다.

10. 위로 올라간 리본은 그대로 두고 아래로 내려간 레이스 리본을 위에서 아래로 내려 감다가 어느 정도가 되면 다시 아래에서 위로 겹쳐 올려준다.
11. 남겨둔 위쪽 리본과 아래에서 위로 올라간 리본이 만나는 지점에서 리본으로 묶어 완성한다.

Variations

남자 부토니아 만들기

Tools · 180쪽과 동일 **Dry flower** · 브러싱 브라이드, 자나 장미, 브루니아, 라이스플라워

1. 부케의 메인 꽃으로 사용한 브러싱 브라이드와 브루니아를 잡고 뒷면에 잎을 덧댄다.
2. 자나 장미와 라이스플라워를 더해 가며 미니 다발을 만든다.
3. 플로랄 테이프나 스카치테이프로 다발을 묶는다.
4. 꽃가위로 줄기를 잘라 정리한다.
5. 줄기를 감쌀 공단 리본을 잘라 뒷면에 양면테이프를 붙인다.
6. 살짝 사선으로 내리면서 리본을 붙이고 마무리한다.

Thank you

19

남겨진 그날의 기억,

웨딩 액자

신부는 부케를 가질 수 없기 때문에 더욱 그리워한다.
곱게 말린 부케를 액자에 담아 둘만의 공간에 두고 그날을 추억하자.
시간이 흘러 빛바래도 기억 속 처음 순간처럼 반짝반짝 빛난다.

Tools · 우드 액자(20×25cm), 흰색 머메이드지 200g, 가위, 26번 와이어, 플로랄 테이프, 글루건, 마끈, 오간자 리본, 메시지 스티커

Dry flower · 브러싱 브라이드, 슈퍼센세이션, 트립토 메인

Preserved flower · 안개꽃

How to make

1. 우드 액자를 분리해 액자 유리와 프린트 속지를 꺼낸다.
2. 액자 속에 들어 있던 프린트 속지에 머메이드지를 덧대 같은 크기로 자른다.
3. 웨딩 액자를 만들 드라이플라워를 준비한다.

   tip 인터넷에서 '우드 프레임 액자'를 검색하면 다양한 크기의 액자와 컬러 프레임을 구입할 수 있다. 다이소 매장에도 비교적 저렴한 우드 액자를 판매한다.

4. 길이가 짧은 브러싱 브라이드는 와이어링하고 초록색 플로랄 테이프를 감아 준비한다.
   tip 113쪽 와이어링 참고.
5. 브러싱 브라이드 두 송이를 가운데 잡고 자연스럽게 트립토 메인을 덧댄다.
6. 5의 사이사이에 슈퍼센세이션과 안개꽃을 넣어 미니 다발을 완성한다.
7. 미니 다발을 플로랄 테이프로 묶는다.

8. 플로랄 테이프 위에 마끈을 촘촘히 감아 자연스러운 느낌을 더한다.
9. 감싼 마끈의 끝을 글루로 붙인다.
10. 웨딩 느낌을 주기 위해 리본을 만들어 달아준다. 오간자 리본을 양쪽으로 접어 가운데 부분에 글루를 바른다.

tip 오간자 리본은 리본의 한 종류로 얇고 투명하며 빳빳한 질감이다. 이브닝드레스나 블라우스 등의 장식이나 안감에 많이 사용된다.(네이버 발췌)

11. 글루를 바른 곳을 손으로 잡아 리본 형태를 만든다.
12. 얇은 리본으로 중심을 다시 묶어 완성도를 높인다.
13. 마끈을 묶은 다발에 10~12에서 만든 리본을 글루로 붙인다.

14. 다발 뒷부분에 글루를 넉넉히 바른다.
15. 머메이드지 가운데 다발을 고정해 붙인다.
16. 빈 부분에 메시지를 적거나 스티커를 붙여서 마무리한다.

17. 16을 우드 액자에 넣어 완성한다.

D R Y F L O W E R

Styling

생활에 향기를 더하는
드라이플라워

아로마 D.I.Y 만들기

20

향기를 채우다,

아로마 디퓨저

향기가 없던, 그곳에,
장미 한 송이가 말라 있다.
가느다란 숨을 내쉬며 나를 바라본다.
지금 피기 시작한 꽃망울처럼 웃어 보인다.
아직 남아 있는 짙은 꽃향기를, 내 숨결에 담아 가득 채운다.

Materials for liquid · 디퓨저 전용 베이스, 향 오일(아로마 에센셜 또는 프래그런스)

Tools for liquid · 유리 용기(100ml), 발향 스틱(섬유 또는 우드), 저울, 유리 용기, 유리 막대

Tools for stick · 꽃가위, 리본, 실, 종이꽃 스틱

Dry flower · 그린 수국, 신종 자나 장미, 핑크·화이트 천일홍 약간

Cherry's Story 디퓨저, 소이캔들, 석고·왁스 타블렛, 천연비누 등을 만드는 도구 및 재료는 방산종합시장에서 도·소매로 구입할 수 있으므로 향을 맡아보고 취향에 맞는 것을 고른다. 단, 토요일에는 오후 4시까지, 일요일은 휴무이므로 참고할 것! 인터넷으로 검색하면 판매하는 곳이 꽤 많으므로 간편하게 구입할 수 있다.

1

2

3

How to make

| 드라이플라워 스틱 만들기 |

1. 드라이플라워로 만든 그린 수국 덩어리를 한 가지 잘라 준비한다.
2. 짧은 수국 가지를 발향 스틱에 연결해 길이를 조절한다.
   tip 발향 스틱은 향기 분자를 빨아올리고 분산해 향기가 잘 퍼지도록 도와주는 것으로 우드 스틱, 섬유 스틱 등 모양과 디자인이 다양하다.
3. 수국 가지와 발향 스틱을 실로 묶어 하나로 고정한다.

4. 수국 사이에 잘 말린 신종 자나 장미를 넣어 높낮이에 변화를 주면서 입체감을 살린다.
5. 핑크·화이트 천일홍과 종이꽃 스틱을 넣어 풍성하게 만든다.

6. 유리 용기에 맞춰 길이를 자른다.

Cherry's Story 디퓨저 용액은 용기의 80% 정도 채워주는 것이 좋은데 100ml 유리 용기를 준비했으므로 80ml를 채우자! 디퓨저 전용 베이스와 향을 7:3 비율로 계량하는데 베이스를 56g, 향 오일을 24g으로 한다.

| 디퓨저 용액 만들기 |

1. 디퓨저 전용 베이스를 56g의 절반인 28g 계량한다.
   tip 디퓨저 전용 베이스의 주성분은 에탄올이다. 에탄올은 향을 잘 섞이게 하며 분자들이 퍼질 수 있도록 한다. 에탄올은 약국에서 구매할 수 있으나 알코올 향이 강하므로 디퓨저 전용 베이스를 사용할 것을 추천한다. 디퓨저 베이스와 향의 비율은 7:3 또는 6:4가 적당하다.
2. 에센셜 오일이나 프래그런스 오일을 24g 계량한다. 이때 오일은 한 가지를 사용할 수도 있고 여러 가지를 섞어 사용할 수도 있다. 여기서는 에센셜 오일 중 버가못 10g, 일랑일랑 10g, 패출리 4g을 섞어 사용했다.
   tip 라벤더 에센셜 오일을 베개에 한 방울 떨어뜨리면 가벼운 불면증에 도움이 되며, 일랑일랑 에센셜 오일은 신혼부부나 권태기 부부의 침실에 사용하면 매혹적이며 관능적인 꽃향기로 분위기를 전환할 수 있다. 또한 우울증과 무기력감에 빠진 사람들은 버가못 에센셜 오일을 사용하면 기분이 고양되고 즐거움을 느낄 수 있다.

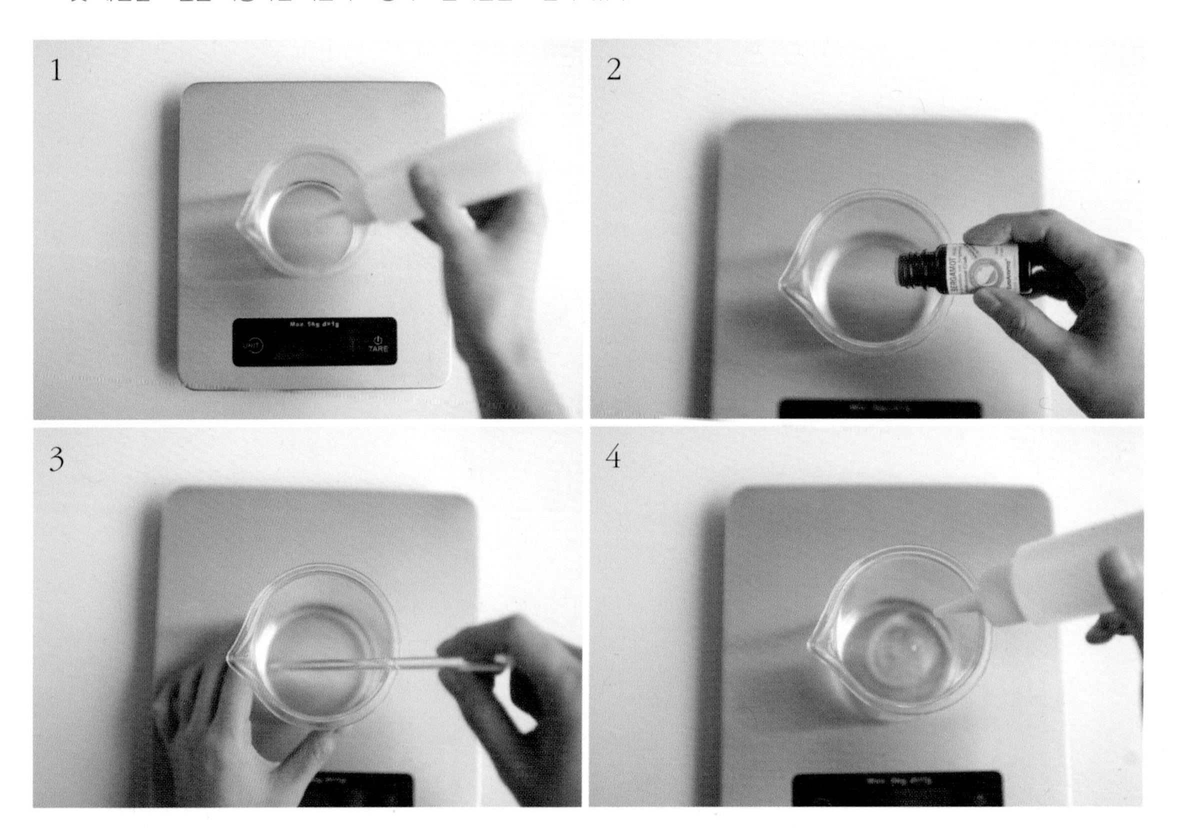

3. 1과 2를 유리 막대로 천천히 저어 잘 섞는다.
4. 나머지 디퓨저 베이스 28g을 넣어 전체적으로 다시 섞는다.

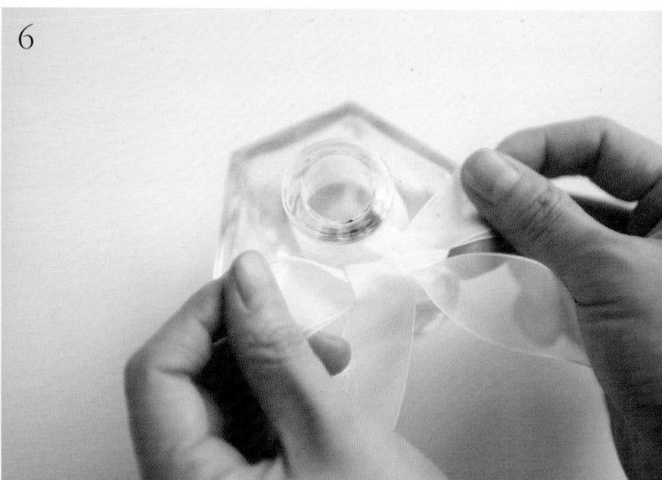

5. 4에서 완성된 용액을 유리 용기에 넣는다.
6. 유리 용기 마개 부분에 리본을 장식한다.
7. 만들어놓은 드라이플라워 스틱을 넣고 발향을 위해 우드 스틱을 더 꽂아 완성한다.

PERFUMER's
COFFRET
FINE FRAGRANCE

21

어디서든 함께,

왁스 태블릿

방 안 곳곳에 꽃이 피어나는 듯 향기를 남긴다.
하나둘씩 눈꽃 같은 꽃들이 내려앉아
내 서랍 위에, 모자 위에, 코트 주머니 속에 머문다.
발걸음도 향기롭다.

Materials · 1개 50g 기준(정제 비즈 왁스 25g+필라 왁스 25g)

Tools · 저울, 프래그런스 오일 5g(전체 왁스 양의 10% 첨가), 스테인리스 용기, 인덕션(핫플레이트), 실리콘 몰드, 온도계, 빨대, 가위, 핀셋, 헤어드라이어, 아일렛, 리본

Dry flower · 노란색 미니 장미, 핑크 자나 장미, 자주색 미니 장미

Cherry's Story 천연 왁스에 대해

- 건강이나 기분 전환을 위해 새로운 향기를 찾는 사람들이 왁스 태블릿을 많이 사용하고 있다. 전에는 저렴한 파라핀 왁스를 많이 사용했는데 석유를 정제해서 만들기 때문에 인체에 유해 성분이 발생한다. 건강을 생각하는 사람들은 천연 왁스를 사용한다.
- 소이 왁스는 100% 콩에서 추출한 기름으로 만드는 천연 왁스다. 그 밖에 벌집에서 나오는 부산물인 밀랍으로 만든 비즈 왁스, 야자나무 열매에서 추출한 팜 왁스 등 천연 원료로 만든 고형 왁스가 사랑받고 있다.
- 고형 왁스에 향을 첨가하고 드라이플라워를 장식하면 일상의 작은 즐거움이 될 수 있다.

How to make

1. 스테인리스 용기에 정제 비즈 왁스 25g과 필라 왁스 25g을 계량해서 넣는다. 결정이 될 수 있으므로 먼저 정제 왁스를 계량한 다음 필라 왁스를 계량한다.

   tip **정제 비즈 왁스와 필라 왁스 재료**
   벌집에서 나오는 부산물인 밀랍을 원료로 한 왁스로 비정제(노란색), 정제(흰색) 2가지가 있는데 천연 왁스 중 가격이 가장 비싸다. 정제 비즈 왁스는 불순물과 기타 성분들을 정제한 왁스로 색이 없어 디자인하기 용이하다.
   천연 소이 왁스는 컨테이너용과 필라 · 몰드용으로 나눠지는데 필라는 기둥이라는 뜻으로 컨테이너(용기)가 없는 캔들을 필라 캔들이라고 한다. 필라 · 몰드용으로 주로 쓰이는 소이캔들 브랜드는 에코소야의 PB제품이다.

2. 계량한 왁스를 80도 이상의 온도로 중탕을 하거나 약한 불에 녹인다.

3. 녹이는 동안 실리콘 몰드 뒷면에 원하는 모양으로 드라이플라워를 올려 디자인한다.
   tip 실리콘 몰드란 액상 실리콘으로 원하는 모양의 몰드를 제작할 때 사용한다. 하나의 몰드로 여러 개의 제품을 만들 수 있으며 높은 열에 강하고 소재가 부드러워 분리하기 편하다.
4. 3의 왁스의 온도가 70도로 내려가면 프래그런스 오일을 5g 넣고 저어준다.
   tip 프래그런스 오일은 자연의 향을 인공적으로 만든 합성 향을 말한다. 프탈레이트라는 향을 내는 화학 첨가제가 들어 있어 두통을 유발하기도 하는데, 최근에는 프탈레이트가 없는 것을 판매하고 있으니 너무 저렴하지 않은 프래그런스를 구입하자! 프래그런스 오일은 향이 강하고 발향력이 높아서 주로 사용되고 있지만 테라피 효과는 없으니 참고할 것!
5. 향을 첨가한 왁스를 실리콘 몰드에 천천히 붓는다.

7

6. 왁스 가장자리부터 불투명하게 굳어지면 리본을 매어 줄 구멍을 만들기 위해 빨대를 꽂는다.

7. 3에서 구상한 대로 왁스 표면에 드라이플라워를 올려 자리를 잡는다.

8. 드라이플라워를 올리면서 울퉁불퉁한 표면은 헤어드라이어로 열처리하여 정리한다.

9. 왁스가 완전히 굳기 전에 빨대를 제거한다.
<u>tip</u> 너무 오래 놔두면 왁스가 너무 단단해져 빨대를 제거할 수 없으므로 주의한다.

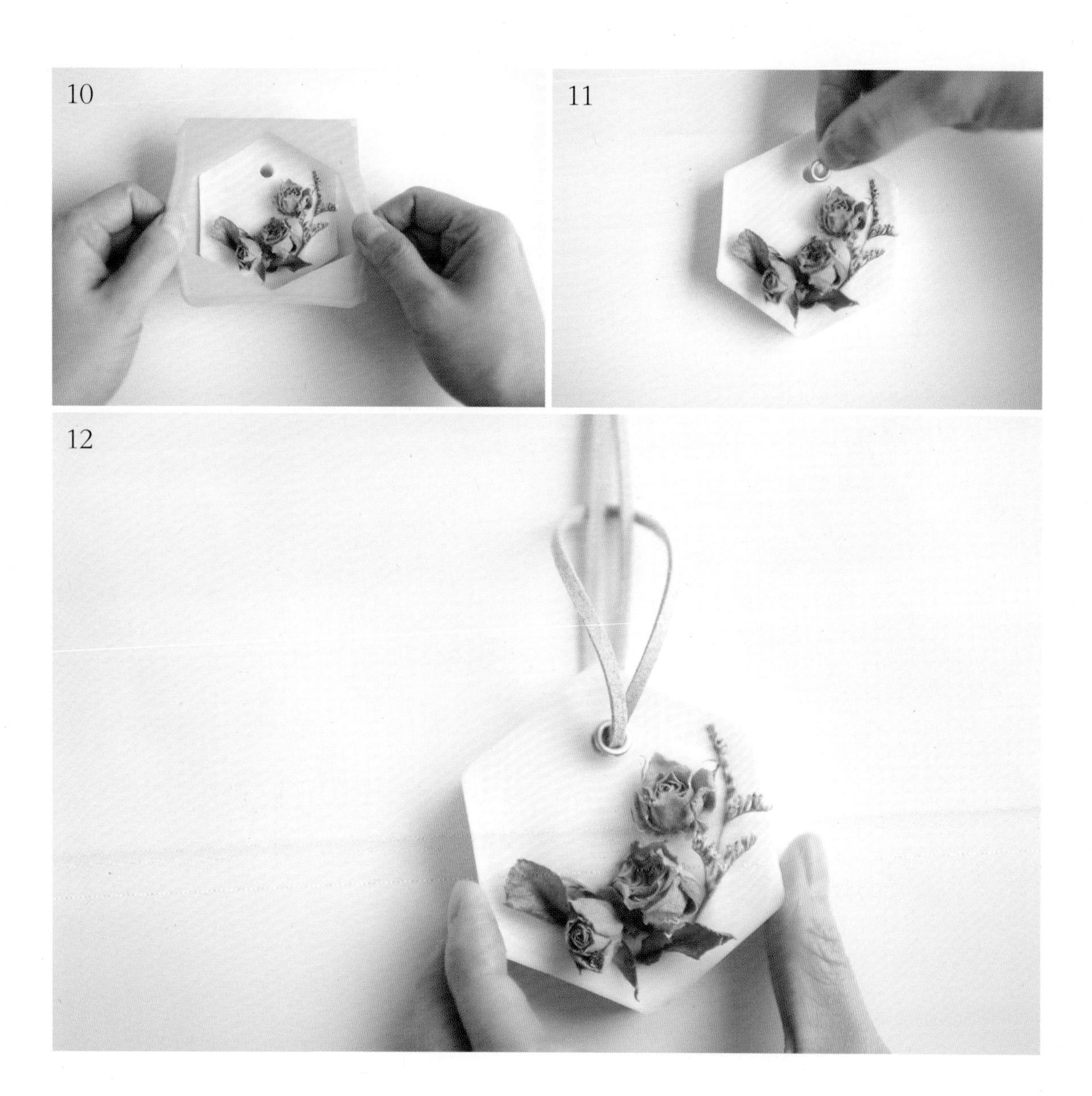
10

11

12

10. 몰드에서 빼낼 때는 양쪽을 잡고 공기를 넣어가면서 꺼낸다.
11. 아일렛을 빨대 구멍에 밀어 넣어 고정한다.
    tip 왁스 태블릿을 걸 때 당겨지는 부분이 닳거나 깨지는 경우를 대비해 아일렛으로 마감하는 것이 좋다.
    경우에 따라 생략할 수 있다.
12. 아일렛에 취향대로 리본을 매어 완성한다.

Variations

유리병을 활용한 왁스 태블릿

Materials&Dry flower · 204쪽과 동일 **Tools** · 저울, 프래그런스 오일 5g(전체 왁스 양의 10% 첨가), 스테인리스 용기, 인덕션(핫플레이트), 실리콘 몰드, 온도계, 빨대, 가위, 핀셋, 헤어드라이어, 아일렛, 리본, 유리병

Cherry's Story 왁스 태블릿은 고온으로 만들기 때문에 에센셜 오일보다 프래그런스 오일이 발향력이 좋다. 왁스 자체가 고온에서 녹기 때문에 직사광선이나 차 안 등 너무 더운 곳에 두지 말자!

1. 화장품 샘플 유리병을 준비해 리본으로 장식한다.
2. 204쪽의 1~5 과정을 반복하되 모양이 다른 직사각형 몰드에 왁스를 붓고 굳기 전에 유리병을 올린 후 표면을 열처리한다.
3. 드라이플라워를 미니 다발로 만든 다음 스카치테이프로 묶는다.
4. 몰드의 양쪽 끝을 잡고 벌려주면서 굳은 왁스를 꺼낸다.
5. 미니 다발 드라이플라워를 왁스 태블릿 유리병에 꽂는다.
6. 아일렛을 꽂고 리본을 매어 완성한다.

22

하얀 종이에 꽃 한 송이,

소이캔들

하얀 종이에 크레파스로 알록달록 꽃송이들을 그려본다.
향기를 머금고 있던 꽃들이 춤을 추듯 둘러앉아 불빛을 기다린다.
녹아내린 꽃들이 동동 떠다니다 내 마음을 어루만진다.

Materials · 소이 왁스 8온스(230ml), 에센셜 오일 전체 양의 7~10%

Tools · 저울, 인덕션(핫플레이트), 캔들 용기, 면 심지+심지 탭 세트, 시약 스푼, 심지 고정대 또는 나무젓가락, 심지 스티커 또는 양면테이프, 비커, 핀셋, 가위

Dry flower · 라벤더, 보라 천일홍, 연핑크 미니 장미

Cherry's Story 불면증에 좋은 라벤더 에센셜 오일과 마를수록 향기가 진해지는 드라이플라워 라벤더를 이용해 편안한 잠자리를 위한 소이캔들을 만든다. 소이캔들을 장식할 때 드라이플라워가 지나치게 많거나 꽃 얼굴이 큰 경우 자칫 탈 수 있으므로 주의한다.

How to make

1. 소이 왁스 8온스를 캔들 용기의 약 80%인 170g 계량한다.
2. 1을 중탕하거나 70도 이상의 온도로 녹인다.
3. 녹이는 동안 면 심지와 심지 탭 세트를 용기에 맞게 자른 다음 심지 스티커나 양면테이프를 이용해서 심지 탭 부분에 고정한다.

4. 드라이플라워 라벤더의 꽃 얼굴 부분을 제외하고 필요 없는 줄기 부분을 잘라낸다.
5. 2의 소이 왁스 온도가 55도로 내려가면 에센셜 오일을 넣어 블랜딩한다. 여기서는 에센셜 오일 레몬 6g, 라벤더 6g, 시더우드 3g으로 총 15g 블랜딩했다.
6. 소이 왁스와 에센셜 오일이 잘 섞이도록 시약 스푼으로 저어준다.

7. 왁스를 붓기 전 심지 고정대에 심지를 끼워 고정한다.

tip 심지 고정대 대신 나무젓가락을 사용할 수 있는데 이때는 젓가락 사이에 심지를 끼워 고정하면 된다.

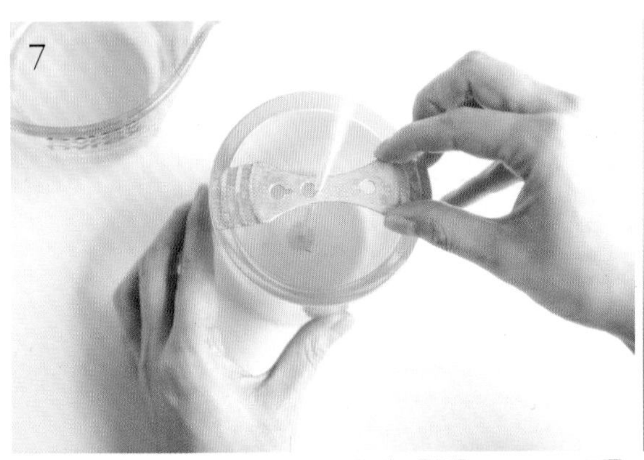

8. 용기에 6을 천천히 붓는다.
9. 소이 왁스 표면이 굳어갈 때쯤 드라이플라워를 올려 디자인한다.

10

11

10. 유리 용기 벽면 쪽으로 드라이플라워를 올리고 심지 주변은 피한다. 너무 큰 드라이플라워를 사용하면 불을 켰을 때 탈 수 있으니 작은 것으로 한다.
11. 완전히 다 굳은 뒤에 면 심지를 5mm 정도 남겨두고 잘라낸다.

tip 핫플레이트 없이 소이캔들을 만들 경우

두꺼운 종이컵에 소이 왁스를 계량한 뒤 전자레인지를 이용하여 만들 수 있다. 1분씩 3~5번 정도 소이 왁스를 녹여주는데 이때 연속으로 돌리면 열에 의해 종이컵이 탈 수 있으므로 소이 왁스의 녹은 상태를 보면서 작업한다. 3분의 2 정도 녹으면 꺼내서 종이컵의 남은 열로 녹인다.

23

코끝을 스치듯,

석고 방향제

가둬놓은 향기가 코끝을 어루만진다.
일상 속에서 꽃향기가 내 곁에
천천히 스며들어 이내 온통 내가 된다.
향기가 머문 곳에 잊혀진 기억들이 남겨진다.

Materials · 젬마 석고 50g, 프래그런스 오일 5g, 올리브 리퀴드 5g, 정제수 또는 수돗물 15g, 소독용 에탄올

Tools · 실리콘 몰드, 저울, 시약 스푼, 유리 용기, 일회용 용기 또는 종이컵, 핀셋, 아일렛, 리본

Dry flower · 자나 장미, 핑크 천일홍, 빨간 천일홍, 브루니아

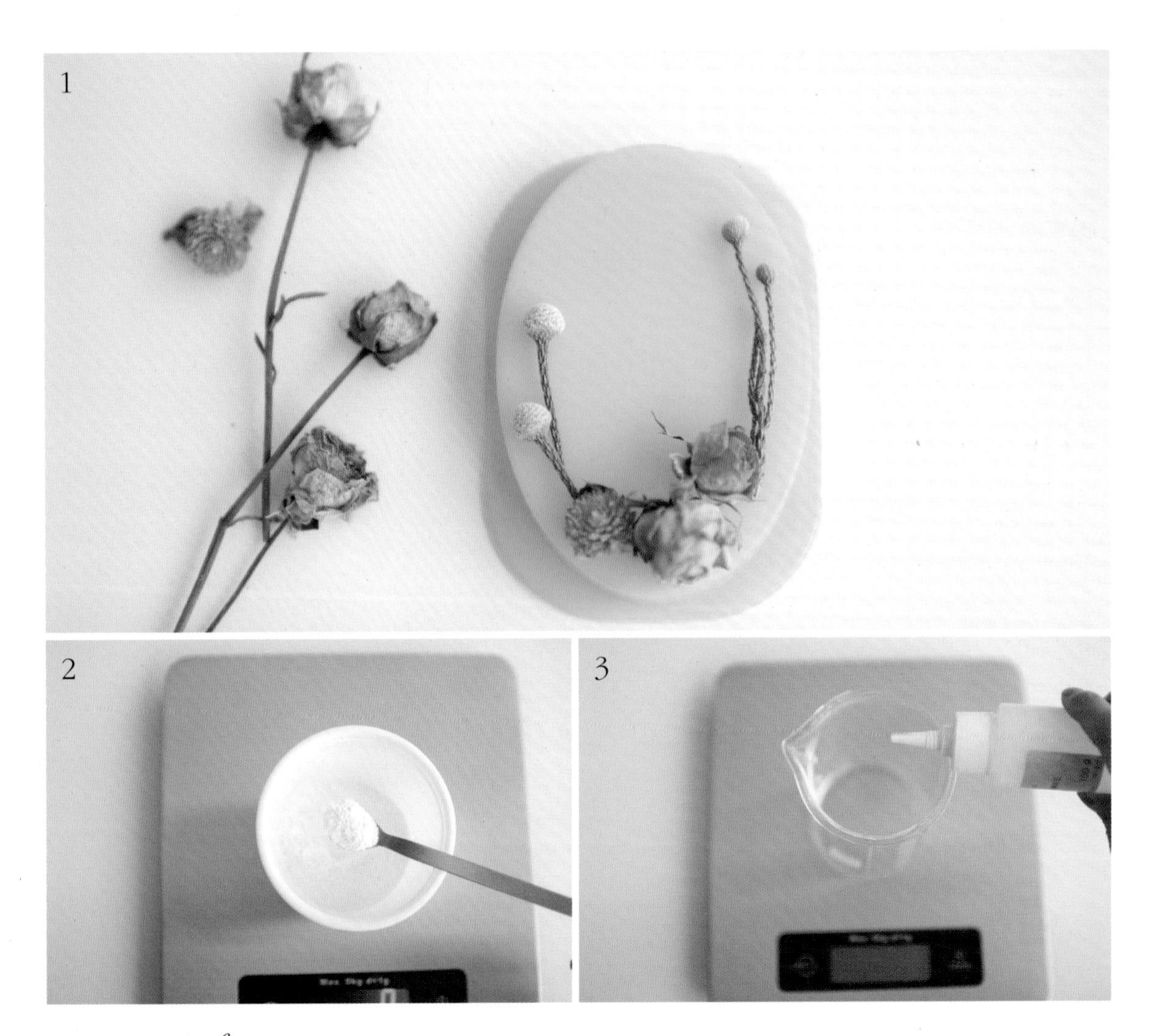

How to make

1. 먼저 실리콘 몰드 뒷면에 드라이플라워를 올려 디자인한다.
2. 일회용 용기에 젬마 석고 50g을 계량해 준비한다.
3. 유리 용기에 프래그런스 오일을 5g 정도 계량해 준비한다.

4. 유리 용기에 가용화제인 올리브 리퀴드 5g을 계량해 준비한다.
   tip 올리브 리퀴드란 물과 오일을 섞기 위해 넣는 가용화제로 천연 화장품을 만들 때 사용된다.
5. 3과 4를 섞어 잘 저어준다.
6. 정제수를 15g 계량해 5에 붓는다.
7. 6을 잘 저어준 뒤 불투명한 상태가 되면 2에서 계량한 석고에 붓는다.

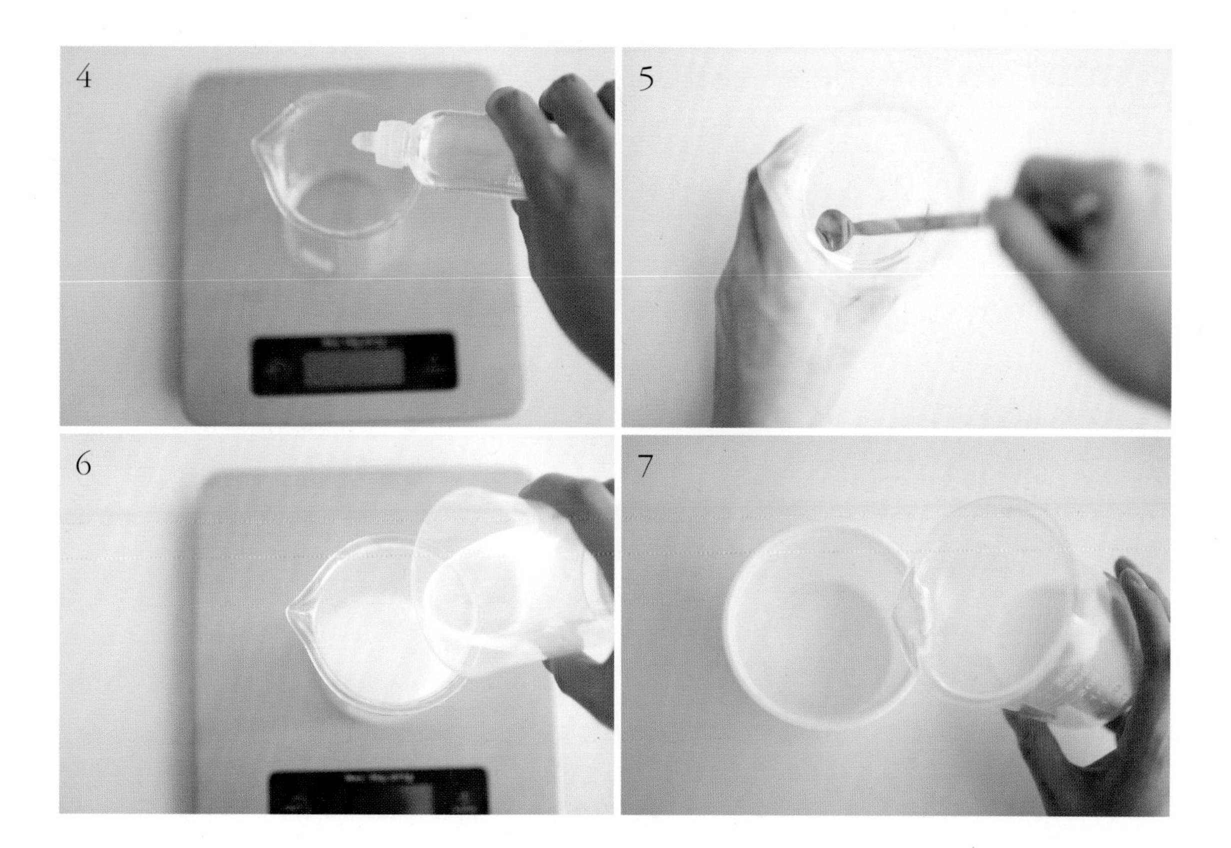

8

9

8. 기포가 생기지 않도록 주의하면서 한쪽 방향으로 천천히 젓는다.
9. 준비한 실리콘 몰드에 에탄올을 뿌린다.
   tip 에탄올을 뿌린 몰드에 석고를 부으면 기포 없이 매끈하게 굳어진다.
10. 8을 실리콘 몰드에 천천히 붓는다.
11. 표면에 잔 기포가 생기면 에탄올을 뿌려 없애고 에탄올로 없어지지 않는 큰 기포는 이쑤시개로 제거한다.

10

11

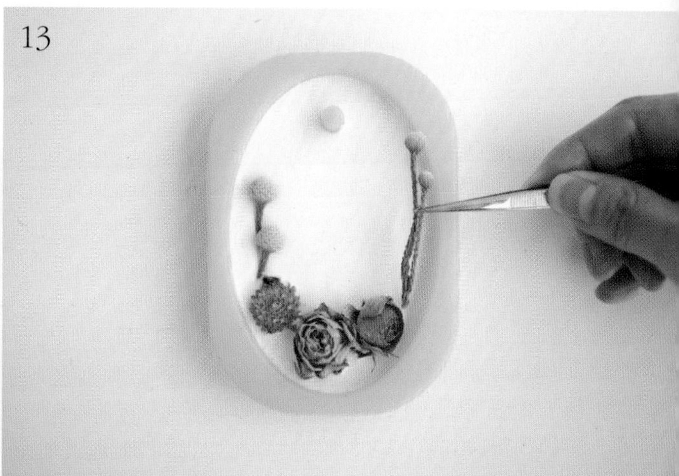

12. 석고의 상태를 확인하고 너무 단단히 굳기 전에 1에서 구상한 대로 드라이플라워를 올린다.
13. 먼저 꽃 얼굴을 올려 자리 잡은 뒤 브루니아를 길게 올린다.
14. 석고가 완전히 굳을 때까지 기다린다.

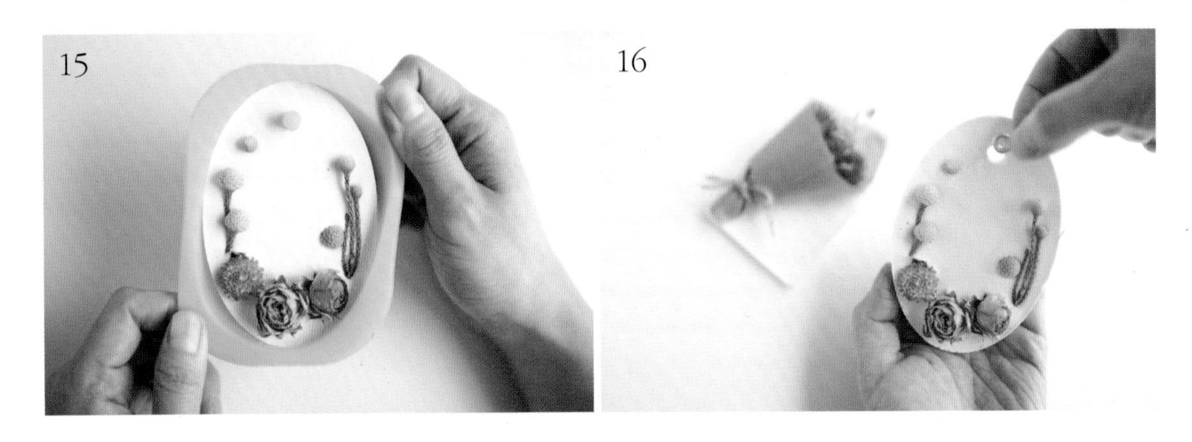

15. 실리콘 몰드 아랫부분을 만져보고 열기가 사라졌으면 양쪽으로 몰드를 잡아당겨 천천히 빼낸다.
    tip 다 마르지 않은 상태에서 분리하면 깨질 수 있으니 주의한다.
16. 몰드에서 분리한 석고 구멍에 아일렛을 꽂는다.
17. 아일렛에 리본을 매어 완성한다.

Variations

미니 다발을 이용한 석고 태블릿

Materials · 크라프트 포장지, 플로랄 테이프나 스카치테이프, 마끈

Tools · 실리콘 몰드, 저울, 시약 스푼, 유리 용기, 일회용 용기 또는 종이컵, 핀셋, 아일렛, 리본

Dry flower · 자나 장미, 핑크 천일홍, 빨간 천일홍

1. 크라프트지를 10×10cm 크기의 정사각형으로 자른다.
2. 천일홍과 장미를 동그랗게 미니 다발로 잡는다.
3. 플로랄 테이프나 스카치테이프로 미니 다발을 묶는다.
4. 포장지를 마름모 모양으로 두고 3을 올린다.
5. 포장지의 양쪽 모서리 끝을 가운데로 모은다.

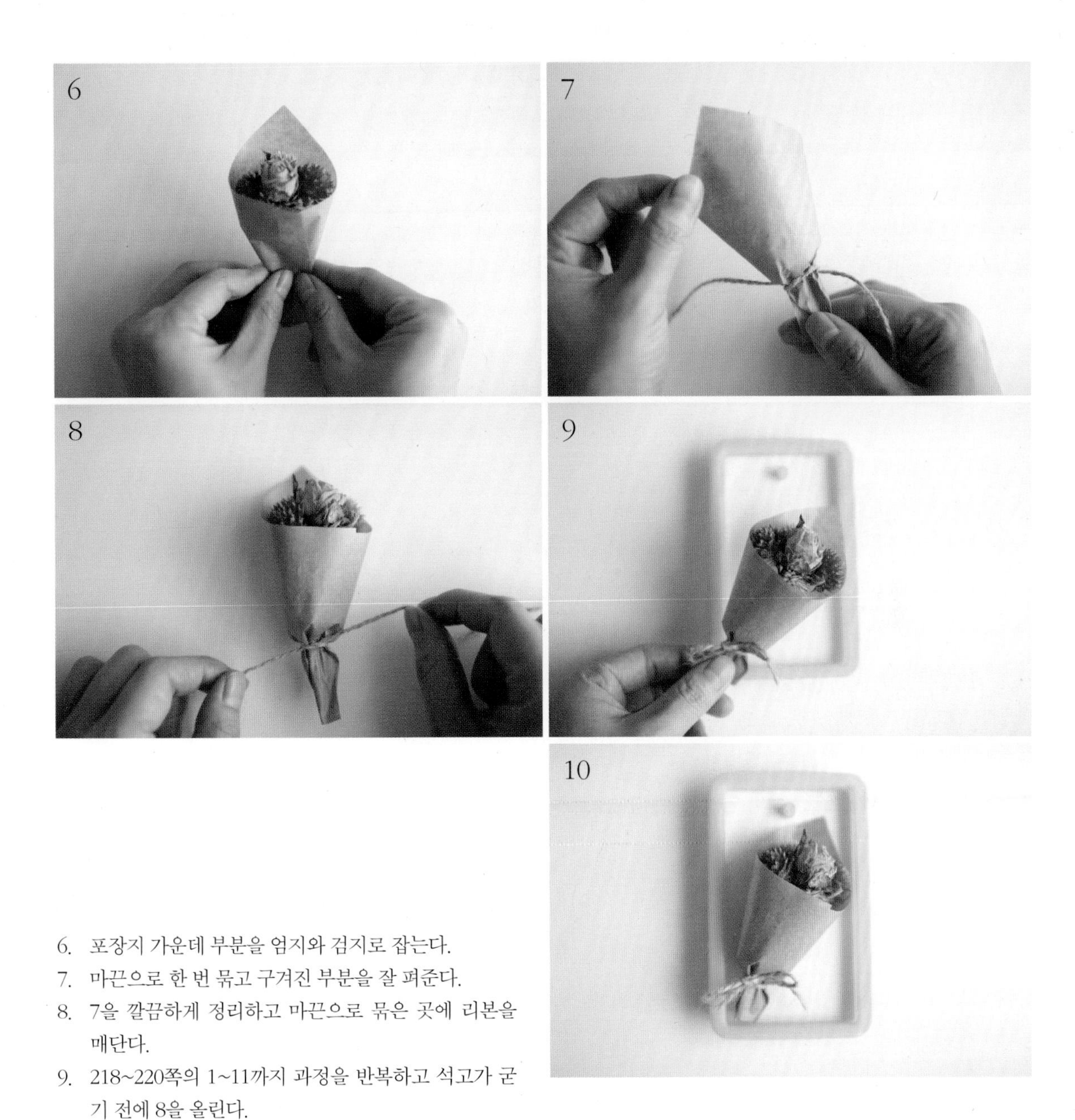
6
7
8
9
10

6. 포장지 가운데 부분을 엄지와 검지로 잡는다.
7. 마끈으로 한 번 묶고 구겨진 부분을 잘 펴준다.
8. 7을 깔끔하게 정리하고 마끈으로 묶은 곳에 리본을 매단다.
9. 218~220쪽의 1~11까지 과정을 반복하고 석고가 굳기 전에 8을 올린다.
10. 석고가 완전히 굳은 뒤 몰드에서 분리해 완성한다.
    tip 첨가한 향이 약해질 때쯤 석고 방향제 뒷면에 프래그런스 오일을 몇 방울 떨어트리거나 향수를 뿌려서 재사용할 수 있다. 처음 만들 때와 같은 발향력은 아니지만 반영구적으로 사용하는 방법 중 하나다.

24

욕실이 빛나는,

허브 비누

샤워를 마친 욕실에
가지런히 타월을 접어둔다.
생각을 정리하기 위해
짤막한 휴식을 취하자.
손가락 사이에 머무르는
비누 향이 기분 좋은 하루를 열어준다.

Materials · 비누 베이스 1개 100g, 글리세린(전체 비누 베이스 양의 1%), 천연 스위트 오렌지 에센셜 오일, 소독용 에탄올

Tools · 실리콘 몰드, 스테인리스 용기, 저울, 칼, 인덕션(핫플레이트), 온도계, 종이컵, 시약 스푼

Dry flower · 로즈마리 허브, 오렌지, 장미

1

2

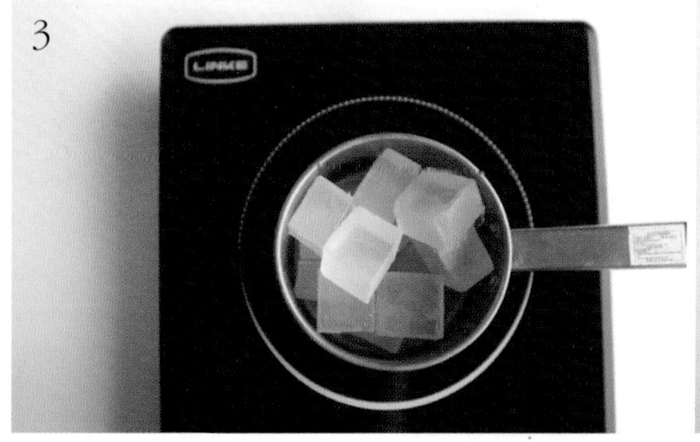
3

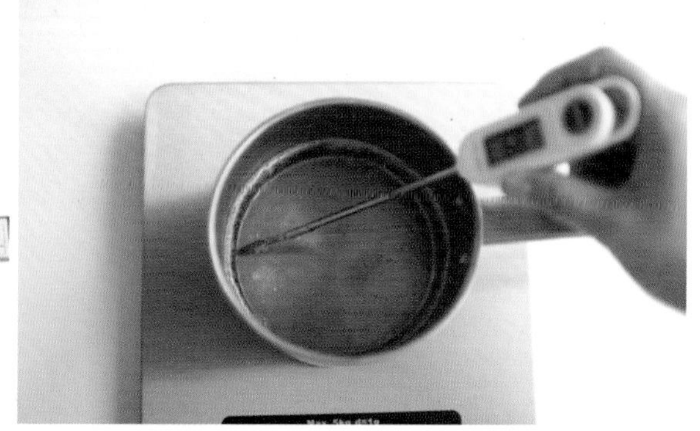

How to make

1. 비누 베이스를 깍둑썰기로 작게 조각내서 준비한다.
2. 실리콘 몰드의 용량에 맞게 1을 300g 정도 계량한다. 여기서는 100g짜리 비누 3개를 만들기로 한다.
3. 중탕을 하거나 인덕션에서 약한 불로 비누 베이스를 녹인다. 베이스가 모두 녹으면 온도를 68~70도 정도로 맞춰 비누 베이스를 녹인다.

   tip 온도가 너무 높으면 베이스가 탈 수 있으므로 주의한다.

4. 전체 양의 1% 정도의 글리세린을 3g 넣는다.
5. 글리세린과 비누 베이스가 잘 섞이도록 시약 스푼으로 젓는다.
6. 천연 스위트 오렌지 에센셜 오일을 전체 양의 1% 정도 넣는다. 대략 3g 정도 된다.

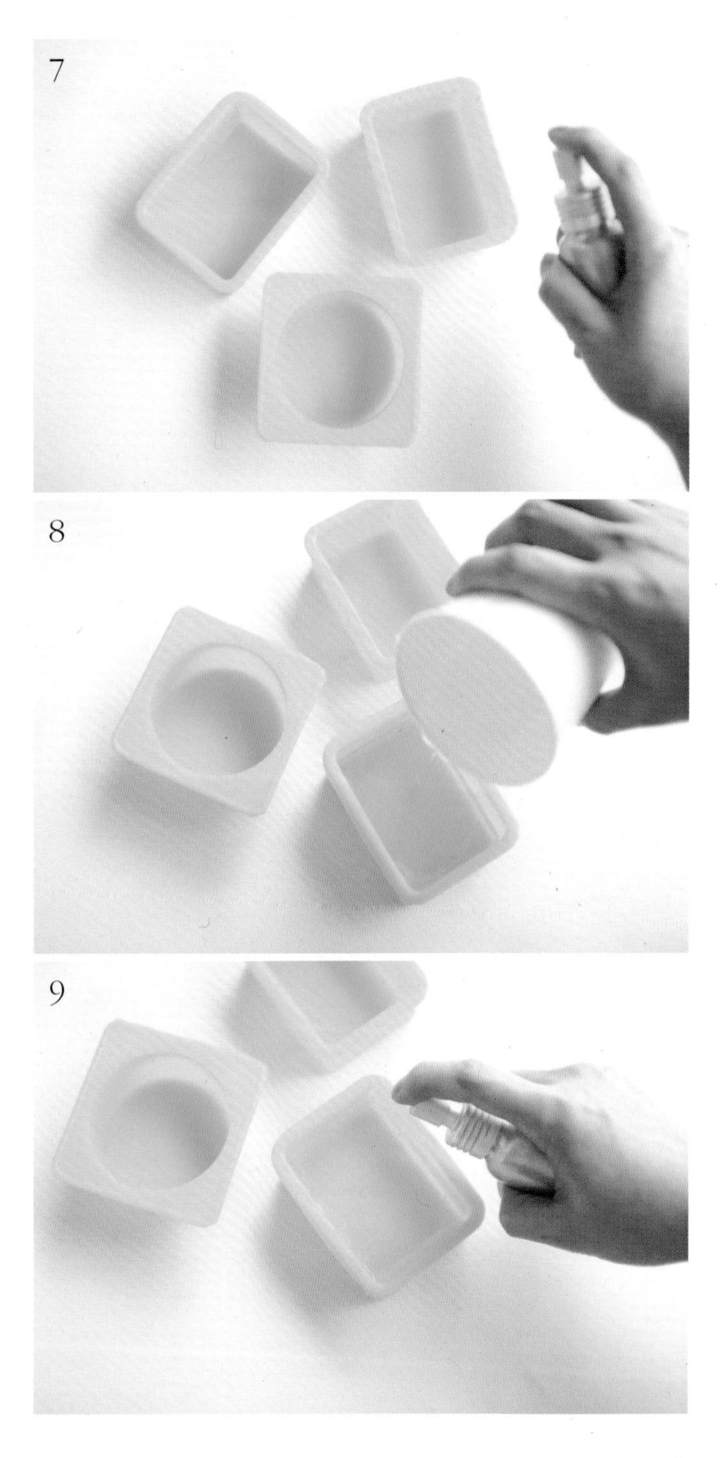

7. 실리콘 몰드에 비누 베이스를 밀착시키고 기포를 방지하기 위해 소독용 에탄올을 뿌린다.
8. 6을 실리콘 몰드에 붓는다.
9. 기포가 생기면 소독용 에탄올을 뿌려 없앤다.

10. 비누 베이스에 막이 빠르게 형성되므로 막이 생기기 전에 말린 오렌지를 올린다.
11. 그 외에 로즈마리, 장미 등을 장식하고 굳힌다.
12. 실리콘 몰드의 양쪽을 잡고 천천히 분리해 완성한다.

tip 비누 베이스에 소량의 글리세린이 포함되어 있으나 보습력을 높이기 위해 따로 첨가했다. 천연 색소를 넣을 수도 있으며 비누 베이스를 검색하거나 천연 재료를 판매하는 버블뱅크, 솝 스쿨 등에서 구입할 수 있다.

부록

DRY FLOWER
Package

꽃 다 발 과 선 물 상 자

한 송이, 두 송이

꽃다발 포장하기

Material · 크라프트지, OPP 비닐 포장지, 꽃가위, 일반 가위, 분홍색 리본, 스카치테이프, 메시지 스티커(생략 가능)
Dry flower · 장미 1~3송이

Cherry's Story 여기에서 사용된 포장지와 리본 등의 부자재는 꽃 도매시장에서 구입할 수 있는데 포장지의 경우 한 장은 판매하지 않고 한 롤을 기준으로 판매한다. 색상과 소재가 다양해서 취향껏 구입할 수 있으니 참고하자! 카드 결제 시 10% 부가세는 별도!

How to make

1. 드라이플라워 장미 한 송이를 크라프트지에 올리고 꽃보다 조금 여유 있게 잘라 준비한다.
2. OPP 비닐 포장지를 크라프트지와 같은 길이, 2배의 넓이로 잘라 감싼다.

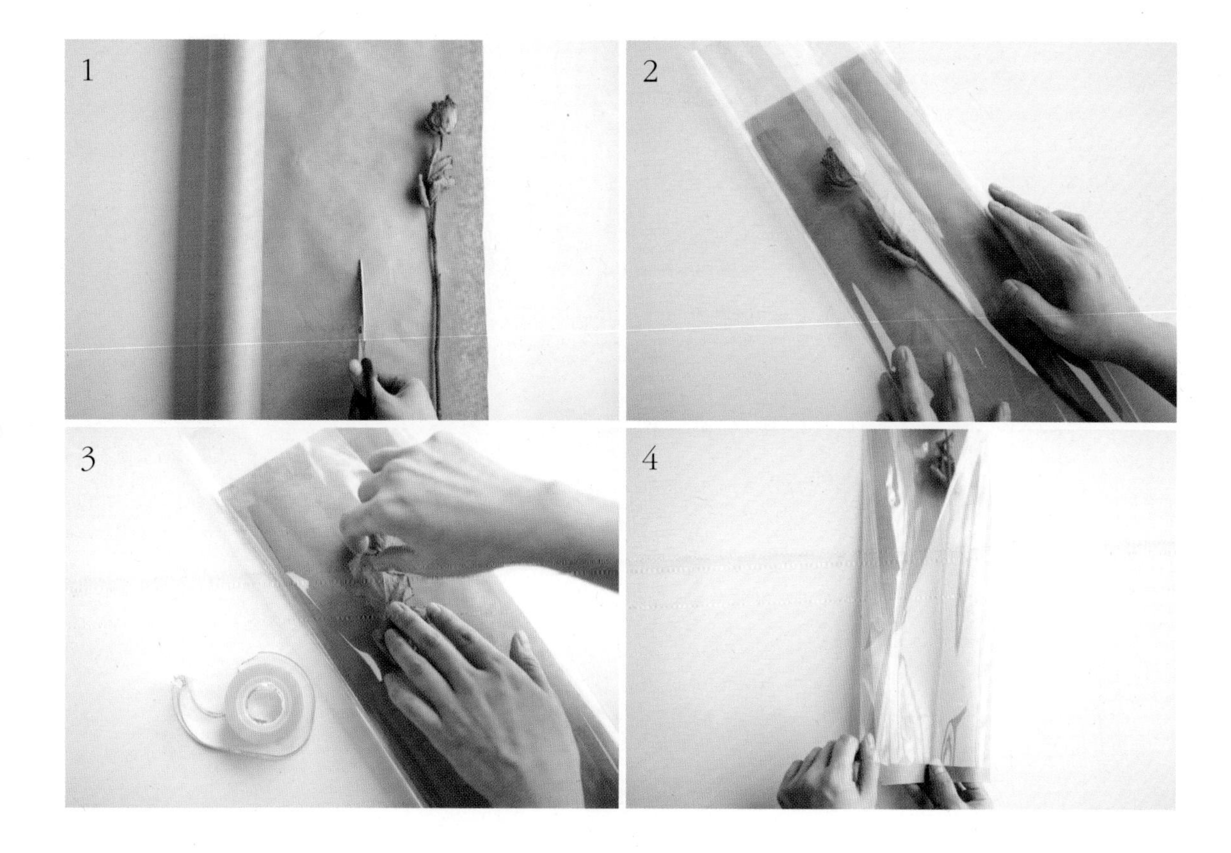

3. 스카치테이프를 2~3군데 붙여 벌어지지 않도록 고정한다.
4. 스카치테이프를 붙인 쪽을 뒤로 돌려준다.

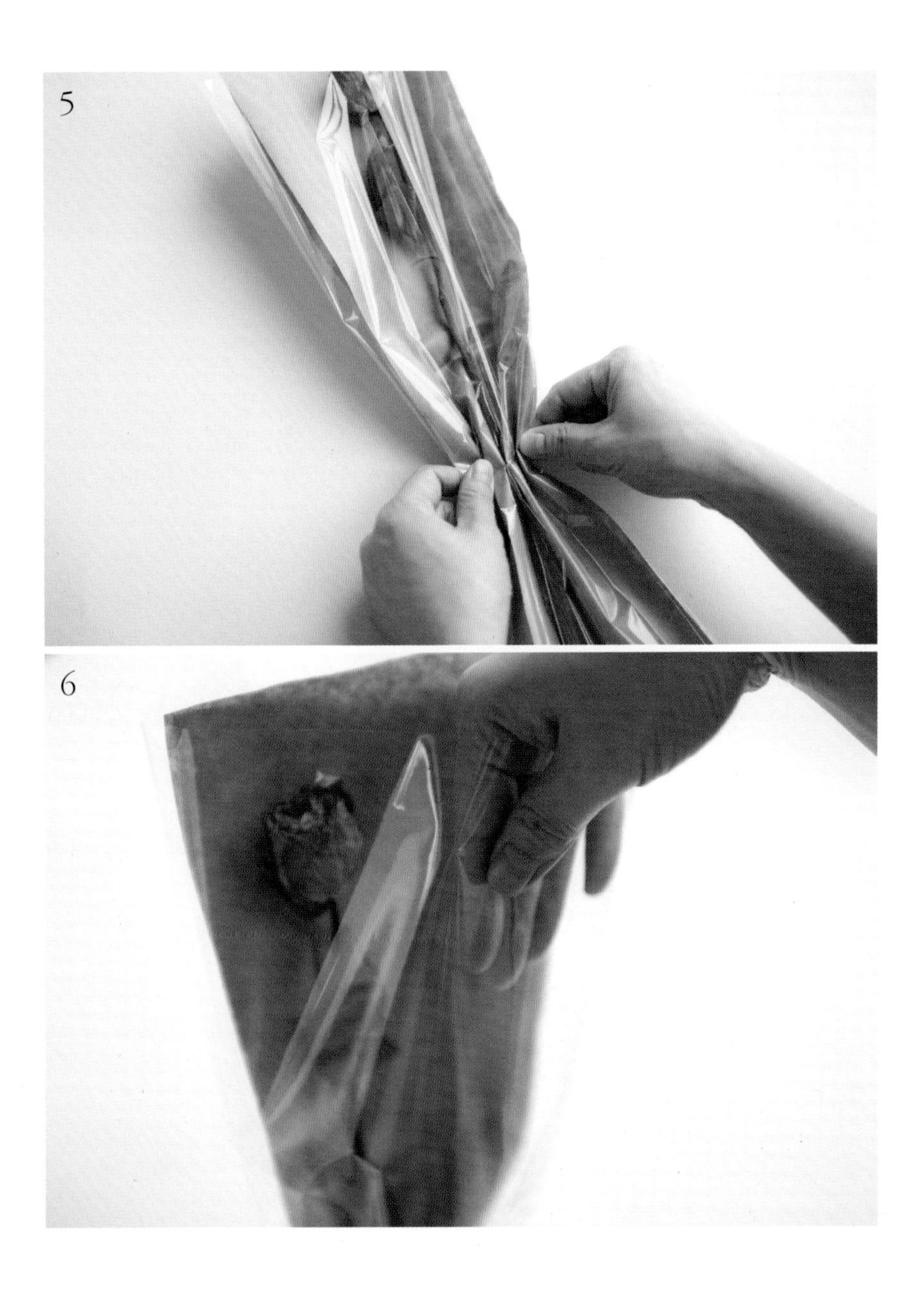

5. 리본을 묶기 위해 가운데를 안쪽으로 모은다.
6. 손을 안으로 넣어 구겨진 OPP 비닐 포장지를 잘 펴서 정리한다. 다른 부분도 구겨진 부위가 있으면 펴준다.

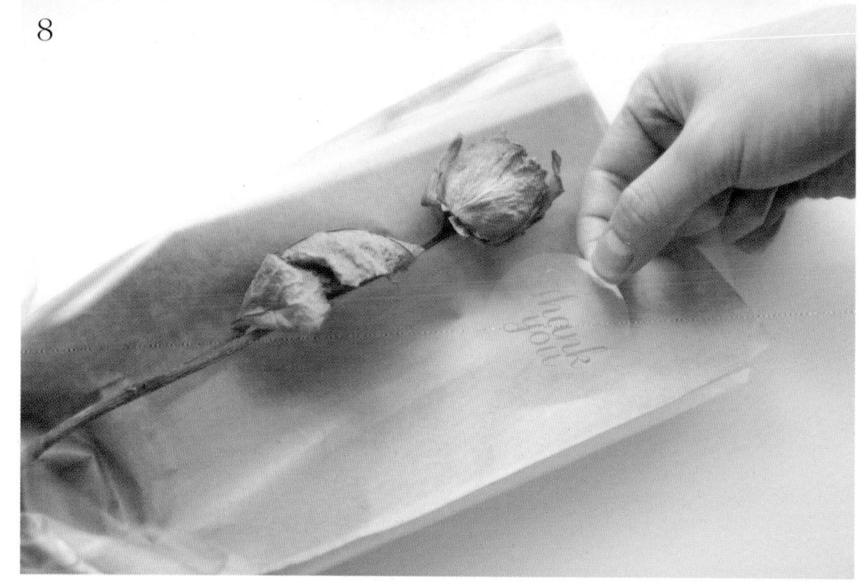

7. 꽃과 어울리는 컬러의 리본을 묶는다.
8. 크라프트지에 메시지 스티커를 붙여 완성한다.

   tip 이 과정은 생략해도 된다. 이 포장법은 두세 송이 드라이플라워를 포장하기에 좋다.

아이스크림 모양의

콘 플라워 포장하기

Material · 크라프트지 100g 이상, 꽃가위, 양면테이프, 스카치테이프, 레이스 모티브

Dry flower · 블루 염색 안개꽃, 골든볼

How to make

1. 15×20cm의 크라프트지를 잘라 준비한다.
2. 크라프트지 끝에 양면테이프를 세로로 붙인다.

3. 고깔을 만드는 느낌으로 둥글게 말아준다.
4. 크라프트지의 오른쪽 모서리와 양면테이프가 수평이 되도록 종이를 잡아 고정한다.

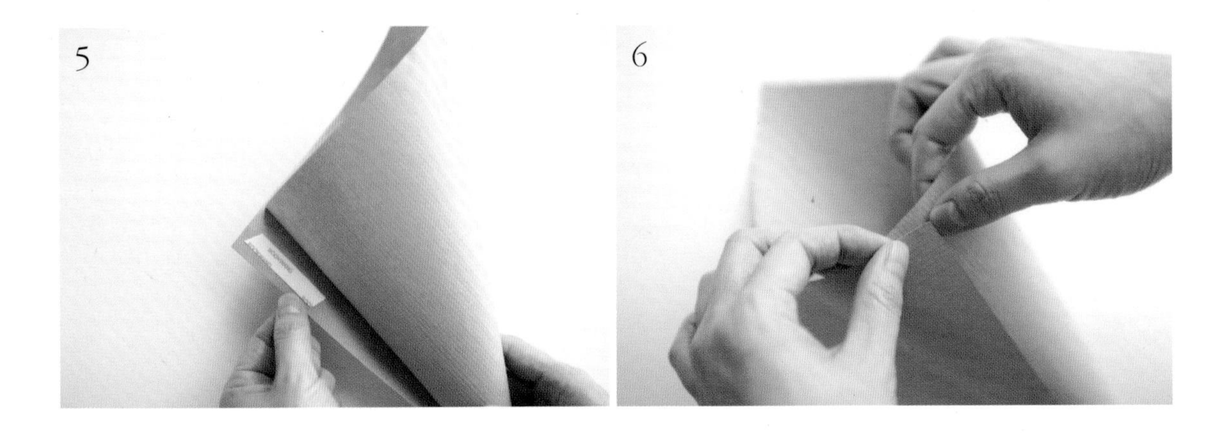

5. 양면테이프를 한 번 더 붙여서 단단히 마무리한다.
6. 서로 어긋나지 않도록 주의하면서 마무리한다.
7. 블루 염색 안개꽃 사이사이에 골든볼을 넣어 다발을 만든다.
8. 스카치테이프로 다발을 묶어 고정한다.

9. 큰 포장지의 길이보다 조금 더 짧게 다발의 줄기를 자른다.
10. 포장지 속에 깊게 눌러 넣는다.
11. 포장지 중앙에 양면테이프로 스티커나 레이스 모티브를 붙여서 완성한다.

한 방향에서 보는

랩 플라워 포장하기

Material · 플로드지(베이지와 불투명 화이트), 꽃가위, 일반 가위, 스카치테이프, 은색 리본

Dry flower · 울부시, 스트로베리 천일홍, 자나 장미, 진한 핑크 장미, 미스티블루 약간

How to make

1. 먼저 울부시 줄기 아랫부분의 잎을 떼어 정리하고 가지런히 눕혀 놓는다.
2. 울부시의 사이사이 공간을 미스티블루로 채운다.

3. 울부시와 미스티블루를 가리지 않도록 주의하면서 자나 장미를 올리고 진한 핑크 장미를 아래쪽에 덧댄다.

4. 장미 사이사이에 스트로베리 천일홍을 끼워놓는다.
5. 자나 장미가 겹치지 않도록 아래로 순차적으로 내린다.
6. 완성된 다발을 스카치테이프로 당기면서 고정한다.

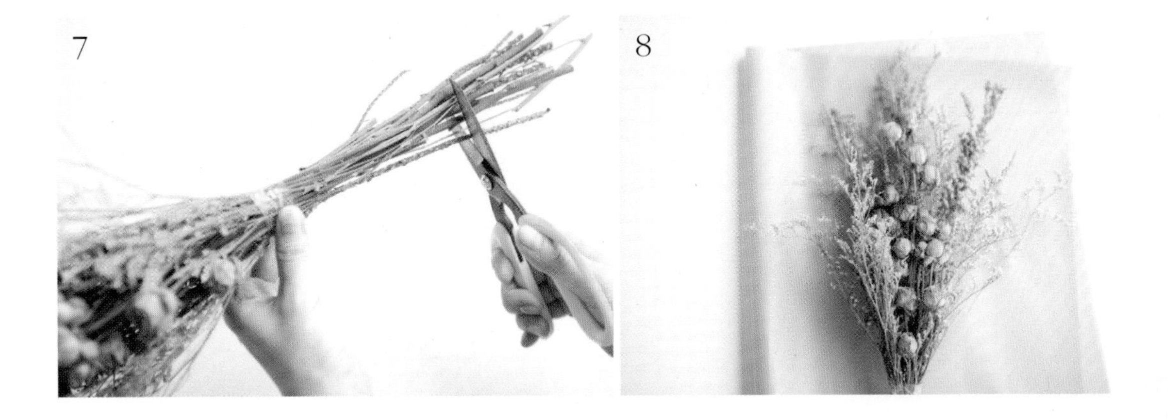
7 8

7. 줄기 부분을 꽃가위로 정리한다.
8. 베이지 플로드지를 다발의 3배 크기로 재단한 다음 언밸런스하게 반으로 접는다.
9. 불투명 화이트 플로드지를 베이지 플로드지 절반 크기로 2장을 자른다.

9

10. 불투명 화이트 플로드지 2장을 8과 같은 방법으로 접는다.
11. 10을 베이지 플로드지 위에 그림과 같이 포갠다.
12. 11과 같은 크기의 화이트 플로드지를 2장 더 잘라서 11위에 약간 기울여 올린 다음 꽃을 올린다.

13. 12를 그림과 같이 잡아 리본을 묶는다.
14. 들어가거나 구겨진 플로드지를 펴서 정리한다.
15. 포장지를 정리해 마무리한다.

사방에서 보는

꽃다발

Materials · 핑크 양면 크라프트지, 아이보리 티슈페이퍼, 꽃가위, 일반 가위, 밤색 리본, 스카치테이프, 지철사 한 줄, 드라이플라워

Dry flower · 그린 수국, 노란 장미, 연보라·붉은 장미, 골든볼, 노단새, 노란색 스타티스, 보라·화이트 천일홍, 노란 시넨시스, 안개꽃 약간, 유칼립투스 블랙잭 약간

How to make

1. 덩어리가 큰 그린 수국을 중심으로 노란 장미를 사선으로 배치한다.
2. 나머지 꽃들을 섞어가면서 한 방향으로 덧댄다.

3. 꽃들을 섞어 계속 채워간다. 수국의 크기에 맞게 다른 꽃들을 채워주며 장미 사이에 노란 스타티스를 넣어 색감과 질감을 살린다.

4. 얼굴이 작은 노단새와 보라·화이트 천일홍은 사이사이에 배치하되 얼굴이 보이도록 더 높이 꽂는다.
5. 유칼립투스 블랙잭을 자연스럽게 덧대어 꽃다발을 완성한다.
6. 완성된 다발을 스카치테이프로 단단히 고정한다.

7. 줄기를 한 손에 잡고 꽃가위로 잘라 마무리한다.
8. 전지 크기의 티슈페이퍼 2장을 꺼내 각각 세로로 3분의 1 접는다.

tip 티슈페이퍼란 휴지처럼 얇고 잘 구겨지는 하늘거리는 종이로 풍성한 꽃다발 포장에 주로 쓰인다. 습자지라고 생각하면 된다. 색감이 다양해 홈파티 소품에도 많이 쓰인다. 꽃 도매시장 부자재 코너에서 구입할 수 있으며 한 장 단위가 아니라 전지 묶음으로 판매한다.

9. 접은 2장의 티슈페이퍼를 다시 반으로 비스듬히 접는다.

10. 9를 마름모꼴로 세운 다음 위쪽에 모서리 부분을 조금 남겨두고 아래에 완성된 꽃다발을 올린다.

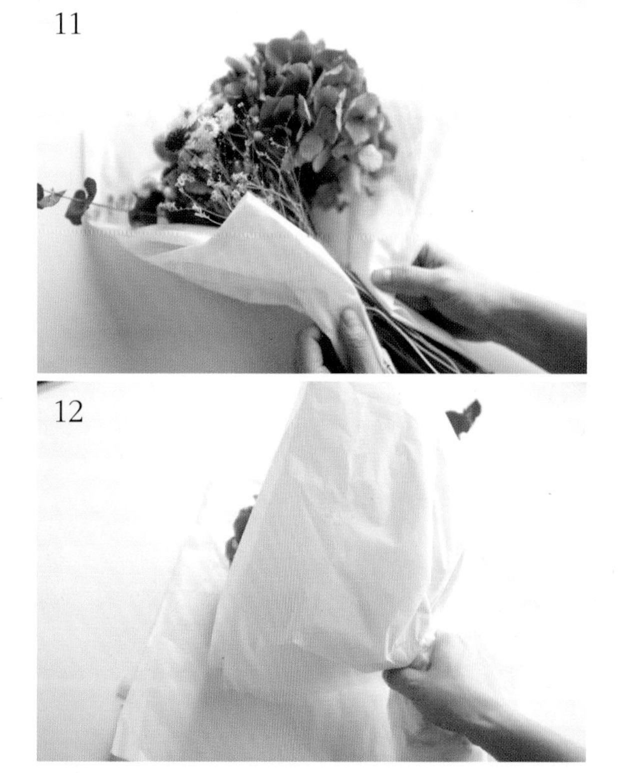

11. 묶을 지점(바인딩 포인트)의 티슈페이퍼와 꽃다발을 같이 잡는다.
   tip 바인딩 포인트 : 꽃다발을 만들 때 꽃을 묶을 지점을 말한다.
12. 꽃다발의 다른 한쪽도 티슈페이퍼로 감싼다.

13. 티슈페이퍼와 꽃다발을 지철사로 한 번 고정한다.

14. 핑크 양면 크라프트지를 꽃다발 크기의 절반으로 잘라 3장을 만든다.

15. 핑크 양면 크라프트지를 뒤쪽으로 한 장씩 둘러준다. 이때 묶은 지점에서 잡아주되 아래에서 위로 올려주는 느낌으로 공간을 준다.

16. 리본을 묶어 단단히 마무리한다.

드라이플라워를 활용한

소이캔들 상자 스타일링

Materials · 크라프트지 캔들 상자, 마스킹테이프, 트와인실(회색), 생화 왁스플라워

How to make

1. 크라프트지 상자에 캔들을 넣는다.
2. 크라프트지 상자 아래에서 위로 트와인실을 묶는다.

3. 크라프트지 상자 앞면에 왁스플라워를 트와인실과 함께 마스킹테이프로 고정해 완성한다.

드라이플라워를 활용한

선물 상자 스타일링

Materials · 크라프트지 선물 상자, 갈색 가죽 끈, 아이보리 털실, 스탬프 태그(별도)

Dry flower · 파라노무스, 가렉스

How to make

1. 파라노무스와 가렉스를 작은 다발 형태로 잡는다.
2. 가죽 끈으로 다발을 묶는다.

3. 가죽 끈을 리본으로 묶은 다음 리본 끝을 한 번 더 묶어서 마감한다.

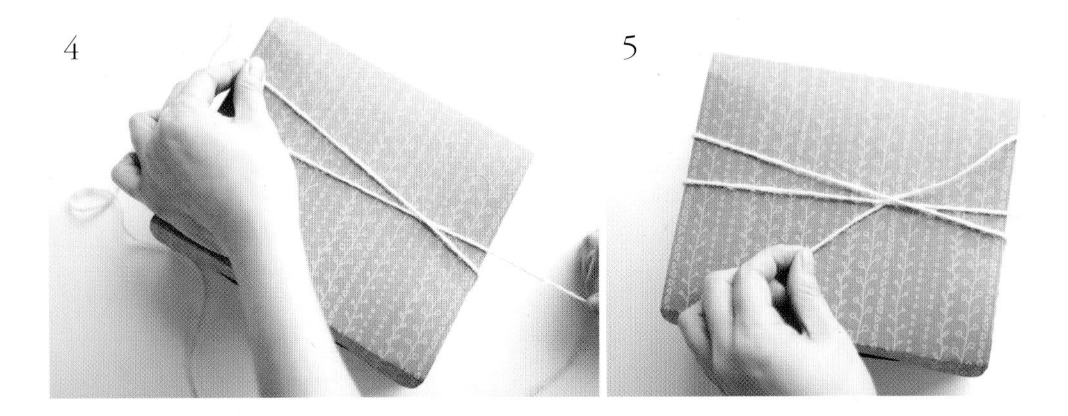

4. 크라프트지 상자 가로 방향으로 아이보리 털실을 ×자 모양으로 교차한다.
5. 가운데보다 살짝 오른쪽에 중심이 가도록 묶어 고정한다.
6. 3을 아이보리 털실로 한 번 더 묶는다.

7

7. 만들어놓은 스탬프 태그를 끈에 걸어준다.
   tip 스탬프 태그는 52쪽 꽃 갈피 만들기를 응용해 만들어둔다.
8. 작은 다발과 스탬프 태그를 함께 아이보리 털실에 감아 리본을 매어 완성한다.

8